食用农产品监督
抽样检验教程

主　审　王丽霞
主　编　贾振国

中国医药科技出版社

内 容 提 要

为了规范和指导农产品质量安全监管部门和检测机构的抽样工作，结合《食用农产品市场销售质量安全监督管理办法》，河北省食品检验研究院组织专家团队，结合多年承担国家级抽检和省级抽检的工作实践和经验，组织编写了这本《食用农产品监督抽样检验教程》。本书全面系统地阐述了农产品监督抽样工作的理论基础、程序规范和操作实务，并结合检验过程中可能出现的各种问题进行详细的阐述，特别是针对当前农产品质量安全形势和任务发展的要求，就监督抽样过程中出现的新情况、新问题做出了全面的解答和回应，具有很强的针对性、实用性、指导性和权威性。

图书在版编目（CIP）数据

食用农产品监督抽样检验教程 / 贾振国主编. — 北京：中国医药科技出版社，2018.2

　ISBN 978-7-5067-9948-5

　Ⅰ. ①食…　Ⅱ. ①贾…　Ⅲ. ①农产品—食品检验—抽样检验—教材
Ⅳ. ①TS207.3

　中国版本图书馆CIP数据核字(2018)第014557号

美术编辑　陈君杞
版式设计　南博文化

出版　　中国医药科技出版社
地址　　北京市海淀区文慧园北路甲 22 号
邮编　　100082
电话　　发行：010-62227427　邮购：010-62236938
网址　　www.cmstp.com
规格　　710×1000mm $\frac{1}{16}$
印张　　14 $\frac{1}{2}$
字数　　219 千字
版次　　2018 年 2 月第 1 版
印次　　2018 年 2 月第 1 次印刷
印刷　　三河市国英印务有限公司
经销　　全国各地新华书店
书号　　ISBN 978-7-5067-9948-5
定价　　**35.00 元**

序　言

　　国以民为本，民以食为天，食以安为先。"十八大"以来，党中央高度重视食品基本保障和安全问题，"十三五"规划更是将食品安全问题提到国家战略高度，提出实施食品安全战略。食品安全是重大的民生问题，是影响人民美好生活需要的重要方面，事关我国小康社会的全面建成，事关党和政府的形象和公信力。

　　食用农产品质量安全是食品安全的重要组成部分。食用农产品市场销售质量安全监督抽样是行政监督和依法检测工作的关键步骤，是保证抽检结果有效性和准确性的首要环节。但当前一些基层农产品质量安全监管部门和检测部门对食用农产品的监督抽样、检验检测工作的要求了解不深、技术把握不足，特别是对监督抽样样品的组批、抽样方法、特殊样品处理等知识掌握不深、理解不透，实际操作中存在很多漏洞，严重影响了抽样样品的代表性、真实性和及时性，不利于全面保障食用农产品质量安全。

　　河北省食品检验研究院多年来一直承担农产品国家级抽检和省级抽检的工作，具有丰富的实践经验。他们组织编写的这本《食用农产品监督抽样检验教程》全面系统地阐述了农产品监督抽样工作的理论基础、程序规范和操作实务，并结合检验过程中可能出现的各种问题进行详细的阐述，特别是针对当前农产品质量安全形势和任务发展的要求，就监督抽样过程中出现的新情况、新问题做出了全面的解答和回应，具有很强的针对性、实用性、指导性和权威性。

相信本书的出版，将便利于农产品监督抽样一线工作人员，并进一步提升我国食用农产品质量安全监督抽样及检验检测工作规范化、科学化和信息化水平。

廖超子

2017年12月

前　言

食品安全关系人民群众身体健康和生命安全，关系到社会和谐稳定，全面提高食品安全保障水平，已成为我国经济社会发展中一项重大而紧迫的任务。"能不能在食品安全上给老百姓一个满意的交代，是对我们执政能力的重大考验。"2013年12月，习近平总书记在中央农村工作会议上强调，食品安全源头在农产品，基础在农业，必须正本清源，把农产品质量抓好。用最严谨的标准、最严格的监管、最严厉的处罚、最严肃的问责，确保广大人民群众"舌尖上的安全"。

食用农产品是人民群众日常生活必需品，其质量安全事关重大，是食品安全的重要组成部分。针对我国目前食用农产品生产和供给渠道多、规模小、分布广的现状，更应加强从生产到消费各个环节的监管，进一步提高对监督抽样工作重要性的认识，以权威的理论依据和强有力的信息技术手段来防控监督抽样过程中的各种问题，有助于实现目标监管效果、降低监管成本和推动食品安全监督抽检工作的科学化进程。

鉴于食用农产品安全监督抽样工作具有很强的技术性和程序性，为了规范和指导农产品质量安全监管部门和检测机构的抽样工作，结合《食用农产品市场销售质量安全监督管理办法》，河北省食品检验研究院组织专家团队，结合多年承担国家级抽检和省级抽检的工作实践和经验，组织编写了本书。本书共分为五章，分别为：第一章基本理论、第二章水果与蔬菜、第三章水产品、第四章畜禽及其制品、第五章粮食及其制品。第一章介绍了农药、兽药的基本知识，抽样检验的术语、原理、程序及方法等。第二章至第五章，分别介绍了相应农产品的分类、采集、样品制备与贮存、样品检验等，并列举了相关的重大安全事件。文后还附有《中华人民共和国食品安全法》《食用农产品市场销售质量安全监督管理办法》《农药管理条例》，以方便读者查阅。

作者在编写本书过程中得到了许多领导和同行专家的大力支持，在此表示衷心感谢！由于时间仓促，编者水平有限，书中难免有不当之处，敬请广大读者批评指正！

编者

2017 年 12 月

目 录

第五章 粮食及其制品 // 140

第一章 基本理论

第一节 农药基本知识

一、农药的分类

农药是指用于预防、消灭或者控制危害农业、林业的病、虫、草和其他有害生物以及有目的地调节植物、昆虫生长的化学合成物或者来源于生物、其他天然物质的一种物质或几种物质的混合物及其制剂。

农药的分类方法很多，可以根据农药的作用方式、防治对象、来源等分类。

（一）按作用方式分类

1. 杀虫剂

（1）胃毒剂 是一类通过消化系统进入虫体内，使害虫中毒死亡的药剂。如敌百虫等。这类农药对咀嚼式口器和舐吸式口器的害虫非常有效。

（2）触杀剂 是一类通过与害虫虫体接触，药剂经体壁进入虫体内使害虫中毒死亡的药剂。如大多数有机磷杀虫剂、拟除虫菊酯类杀虫剂。触杀剂可用于防治各种口器的害虫，但对体被蜡质分泌物的介壳虫、木虱、粉虱等效果差。

（3）内吸剂 易被植物组织吸收，并在植物体内运输，传导到植物的各部分，或经过植物的代谢作用而产生更毒的代谢物，当害虫取食植物时中毒死亡的药剂。如乐果、吡虫啉等。内吸剂对刺吸式口器的害虫特别有效。

（4）熏蒸剂 能在常温下气化为有毒气体，通过昆虫的气门进入害虫的呼吸系统，使害虫中毒死亡的药剂。如磷化铝等。熏蒸剂应在密闭条件下使用效果才好。如用磷化铝片剂防治蛀干害虫时，要用泥土封闭虫孔。

（5）特异性昆虫生长调节剂　按其作用不同可分为如下几种。

①昆虫生长调节剂。这种药剂通过胃毒作用或触杀作用，进入昆虫体内，阻碍几丁质的形成，影响内表皮生成，使昆虫蜕皮变态时不能顺利进行，卵的孵化和成虫的羽化受阻或虫体成畸形而发挥杀虫效果。这类药剂活性高，毒性低，残留少，有明显的选择性，对人、畜和其他有益生物安全。但杀虫作用缓慢，残效期短。如灭幼脲3号、优乐得、抑太保、除虫脲等。

②引诱剂。药剂以微量的气态分子，将几种害虫引诱在一起歼灭。此类药剂又分为食物引诱剂、性引诱剂和产卵引诱剂三种。其中使用较广的是性引诱剂。如桃小食心虫性诱剂、葡萄透翅蛾性诱剂等。

③趋避剂。作用于保护对象，使害虫不愿意接近或发生转移、潜逃想象，达到保护作物的目的。如驱蚊油、樟脑等。

④拒食剂。被害虫取食后，破坏害虫的正常生理功能，取食量减少或者很快停止取食，最后引起害虫饥饿死亡。如印楝素、拒食胺等。这类杀虫剂本身并无多大毒性，而是以特殊的性能作用于昆虫。一般将这些药剂称为特异性杀虫剂。

实际上，杀虫剂的杀虫作用方式并不完全是单一的，多数杀虫剂常兼有几种杀虫作用方式。如敌敌畏具有触杀、胃毒、熏蒸三种作用方式，但以触杀作用方式为主。在选择使用农药时，应注意选用其主要的杀虫作用方式。

2. 杀菌剂

（1）保护性杀菌剂　在病原微生物尚未侵入寄主植物前，把药剂喷洒于植物表面，形成一层保护膜，阻碍病原微生物的侵染，从而使植物免受其害的药剂。如波尔多液、代森锌、大生等。

（2）治疗性杀菌剂　病原微生物已侵入植物体内，在其潜伏期间喷洒药剂，以抑制其继续在植物体内扩展或消灭其为害。如三唑酮、甲基硫菌灵、乙磷铝等。

（3）铲除性杀菌剂　对病原微生物有直接强烈杀伤作用的药剂。这类药剂常为植物生长不能忍受，故一般只用于播前土壤处理、植物休眠期使用火种苗处理。如石硫合剂、福美胂等。

3. 除草剂

（1）选择性除草剂　这类除草剂在不同的植物间有选择性，即能够毒害或杀死某些植物，而对另外一些植物较安全。大多数除草剂是选择性除草剂。如除草通、敌草胺等均属于这类除草剂。

（2）灭生性除草剂　这类除草剂对植物缺乏选择性，或选择性很小，能杀死绝大多数绿色植物。它既能杀死杂草，也能杀死作物，因此，使用时须十分谨慎。百草枯、草甘膦属于这类除草剂。一般可用于休闲地、田边与坝埂上灭草。用于田园除草时一般采用定向喷雾的方法。

（二）按防治对象分类

1. 杀虫剂

杀虫剂是一类用于防治农、林、牧及卫生害虫的药剂。不少杀虫剂还兼有杀螨作用。

杀虫剂按照来源可以分为植物性杀虫剂（如除虫菊、鱼藤、烟草等）、微生物杀虫剂（如苏云金杆菌、绿僵菌等）、无机杀虫剂（砷酸铅、白砒、砷酸钙等）和有机杀虫剂。有机杀虫剂又可分为天然的有机杀虫剂（如矿物油、植物油乳剂等）和人工合成的有机杀虫剂。人工合成的有机杀虫剂主要包括有机氯杀虫剂、有机磷杀虫剂、氨基甲酸酯类杀虫剂、有机氮杀虫剂、拟除虫菊酯类杀虫剂等。杀虫剂还可以按作用方式或效应分为胃毒剂（如敌百虫等）、触杀剂（如氰戊菊酯等）、熏蒸剂（如磷化铝、溴甲烷等）、内吸剂（如乐果、乙酰甲胺磷等）、驱避剂（如樟脑、避蚊油等）、不育剂（如喜树碱、噻替哌等）、拒食剂（如印楝素等）、性诱剂（如棉铃虫性诱剂等）、昆虫生长调节剂（如灭幼脲、川楝素、早熟素等）。

2. 杀螨剂

杀螨剂是一类主要用于防治危害植物的螨类的药剂。此类药剂主要包含专一性杀螨剂（如尼索朗、克螨特等）和兼有杀虫作用的杀虫杀螨剂（如甲氰菊酯、哒螨酮等）。

3. 杀菌剂

杀菌剂是一类用于防治植物病原微生物的药剂。

按作用方式，杀菌剂可以分为保护剂（在植物发病前使用，如代森锌等）和治疗剂（在植物发病后使用，如三唑酮等）。按施药方法，杀菌剂可以分为茎叶喷洒剂（如百菌清等）、种子处理剂（如福美双等）和土壤处理剂（如五氯硝基苯等）。根据化学组成及来源，杀菌剂还可分为无机杀菌剂（如石硫合剂、波尔多液等）、有机合成杀菌剂（包括有机磷杀菌剂、有机砷杀菌剂、有机锡杀菌剂、醌类杀菌剂、苯类杀菌剂和杂环类杀菌剂等）、植物杀菌素（如大蒜素等）和农用抗生素（如井冈霉素、春雷霉素等）。

4. 除草剂

除草剂是一类用于防除园田杂草的药剂，又称除莠剂。如敌草胺、异丙草胺、百草枯等。

根据作用方式，可以分为触杀性除草剂（如百草枯等）和内吸性除草剂（如2，4-滴等）。根据对植物的作用性质，除草剂又可分为灭生性除草剂（如草甘膦等）和选择性除草剂（如莠去津等）。根据使用方法，除草剂又可分为土壤处理剂（如甲草胺等）和茎叶处理剂（如盖草能等）。除草剂还可按化学组成分为无机除草剂（多为无机化合物，目前已很少使用）和有机除草剂（主要包括苯氧羧酸类、醚类、酚类、酰胺类、三氮苯类、取代脲类及氨基甲酸酯类等）。

5. 杀线虫剂

杀线虫剂是一类用于防治植物病原线虫的药剂。老的杀线虫剂品种多具熏蒸作用，而一些新的杀线虫剂则具有其他的作用方式，如灭线磷就具有触杀作用，氯唑磷具有内吸作用。另外，有些杀虫剂也兼有杀线虫活性（如呋喃丹、涕灭威等）。

6. 杀鼠剂

杀鼠剂是一类用于防治害鼠的药剂。杀鼠剂按化学成分可以分为无机杀鼠剂（如磷化锌等）和有机合成杀鼠剂（如杀鼠醚等）。按作用快慢，杀鼠剂还可分为急性杀鼠剂（如溴鼠隆等）和慢性杀鼠剂（如敌鼠等）。

7. 植物生长调节剂

植物生长调节剂是一类具有与植物激素相类似的效应，可以调节或控制植物生长发育机能。该类药剂使用量极低，具有促进或抑制植物生长发育的作用。根据其用途，植物生长调节剂可分为催熟剂（如乙烯利等）、生长促进剂（如赤霉素等）、生长抑制剂（如多效唑等）、脱叶剂（如脱落酸等）、抑芽剂（如抑芽丹等）。

（三）按农药来源分类

农药按来源可分为矿物源农药、生物源农药和化学合成农药三大类。

1. 矿物源农药

矿物源农药是指由矿物原料加工而成，如石硫合剂、波尔多液、王铜（碱式氯化铜）、机油乳剂等。

2. 生物源农药

生物源农药时利用天然生物资源（如植物、动物、微生物）开发的农药。由于来源不同，可以分为植物源农药、动物源农药和微生物农药。

（1）植物源农药 植物源农药是天然植物加工制成，如除虫菊素、烟碱、鱼藤酮、川楝素、油菜素内酯等。此类农药一般毒性较低，对人、畜安全，对植物无药害，有害生物不易产生抗药性。植物源农药还包括植物体农药。主要指转基因抗有害生物或抗除草剂的作物，如我国已经大面积推广应用的抗虫棉等。随着生物技术的不断发展，转基因抗病虫害及杂草的园林植物将会被广泛应用。

（2）动物源农药 动物源农药主要分三大类：一是动物产生的毒素，它们对害虫有毒杀作用。如海洋动物沙蚕产生的沙蚕毒素是最典型的动物毒素，已成为杀虫剂的一大类型。二是由昆虫产生的激素，包括脑激素、保幼激素、蜕皮激素等。它们具有调节昆虫生长发育的功能。昆虫信息素又称昆虫外激素，具有引诱、刺激、抑制、控制昆虫摄食或交配产卵等功能。三是动物体农药，指商品化的天敌昆虫、捕食螨及采用物理或生物技术改造的昆虫等。我国对赤眼蜂、蚜茧蜂、丽蚜小蜂等多种天敌昆虫的研究及应用已取得了进展。

（3）微生物农药 微生物农药包括农用抗生素和活体微生物。农用抗生素是由抗生菌发酵产生的，具有农药功能的代谢产物。如多抗霉素、浏阳霉素、阿维菌素等。活体微生物农药是有害生物的病原微生物活体。如白僵菌、苏云金杆菌、核型多角体病毒、鲁保1号等。微生物农药一般对植物无药害，对环境影响小，有害生物不易产生抗药性。

随着人们对无公害食品、绿色食品、有机食品需求量的不断增加，生物农药的种类和需求量也将会不断增长。

3. 化学合成农药

化学合成农药是由人工研制合成的农药。合成农药的化学结构非常复杂，品种多，生产量大，应用范围广。现已成为当今使用最多的一类农药。目前园艺、果树、花卉生产中使用的农药大都属于这一类。要增加更多适合"无公害产品"和"绿色食品"生产需求的农药新品种，提高质量，更有效地消灭病、虫、草等各类有害生物。

二、食品的类别及测定部位

食品类别及测定部位见表1-1。

表1-1 食品类别及测定部位

食品类别	名称说明	测定部位
谷物	稻类 稻谷等	整粒
	麦类 小麦、大麦、燕麦、黑麦等	整粒
	旱粮类 玉米、高粱、粟、稷、薏仁、荞麦等	整粒，鲜食玉米和甜玉米（包括玉米粒和轴）
	杂粮类 绿豆、豌豆、赤豆、小扁豆、鹰嘴豆等	整粒
	成品粮 大米粉、小麦粉、全麦粉、玉米糁、玉米粉、大麦粉、荞麦粉、莜麦粉、甘薯粉、高粱粉、大米、糙米等	
油料和油脂	小粒型油籽类 油菜籽、芝麻、亚麻籽、芥菜籽等	整粒

续表

食品类别	名称说明	测定部位
油料和油脂	中粒型油籽类 棉籽	整粒
	大粒型油籽类 大豆、花生仁、葵花籽、油茶籽等	整粒
	油脂 植物毛油：大豆毛油、菜籽毛油、花生毛油、棉籽毛油、玉米毛油、葵花籽毛油 植物油：大豆油、菜籽油、花生油、棉籽油、初榨橄榄油、精炼橄榄油、葵花籽油、玉米油	
蔬菜 （鳞茎类）	鳞茎葱类 大蒜、洋葱、薤等	可食部分
	绿叶葱类 韭菜、葱、青蒜、蒜薹等	整株
	百合	鳞茎头
蔬菜 （芸薹属类）	结球芸薹属 结球甘蓝、球茎甘蓝、孢子甘蓝、赤球甘蓝、羽衣甘蓝等	整棵
	头状花序芸薹属 花椰菜、青花菜等	整棵，去除叶
	茎类芸薹属 芥蓝、菜薹、茎芥菜等	整棵，去除根
蔬菜 （叶菜类）	绿叶类 菠菜、普通白菜（小白菜、小油菜、青菜）、苋菜、蕹菜、茼蒿、大叶茼蒿、叶用莴苣、结球莴苣、莴笋、苦苣、野苣、落葵、油麦菜、叶芥菜、萝卜叶、芜菁叶、菊苣等	整棵，去除根
	叶柄类 芹菜、小茴香、球茎茴香等	整棵，去除根
	大白菜	整棵，去除根

食品类别	名称说明	测定部位
蔬菜 （茄果类）	番茄类 　番茄、樱桃番茄等	全果（去柄）
	其他茄果类 　茄子、辣椒、甜椒、黄秋葵、酸浆等	全果（去柄）
蔬菜 （瓜类）	黄瓜、腌制用小黄瓜	全瓜（去柄）
	小型瓜类 　西葫芦、节瓜、苦瓜、丝瓜、线瓜、瓠瓜等	全瓜（去柄）
	大型瓜类 　冬瓜、南瓜、笋瓜等	全瓜（去柄）
蔬菜 （豆类）	荚可食类 　豇豆、菜豆、食荚豌豆、四棱豆、扁豆、刀豆、利马豆等	全荚
	荚不可食类 　菜用大豆、蚕豆、豌豆、菜豆等	全豆（去荚）
蔬菜 （茎类）	芦笋、朝鲜蓟、大黄等	整棵
蔬菜 （根茎类和薯芋类）	根茎类 　萝卜、胡萝卜、根甜菜、根芹菜、根芥菜、姜、辣根、芜菁、桔梗等	整棵，去除顶部叶及叶柄
	马铃薯	全薯
	其他薯芋类 　甘薯、山药、牛蒡、木薯、芋、葛、魔芋等	全薯
蔬菜 （水生类）	茎叶类 　水芹、豆瓣菜、茭白、蒲菜等	整棵，茭白去除外皮
	果实类 　菱角、芡实等	全果（去壳）
	根类 　莲藕、荸荠、慈菇等	整棵

续表

食品类别	名称说明	测定部位
蔬菜 （芽菜类）	绿豆芽、黄豆芽、萝卜芽、苜蓿芽、花椒芽、香椿芽等	全部
蔬菜 （其他类）	黄花菜、竹笋、仙人掌等	全部
干制蔬菜	脱水蔬菜、干豇豆、萝卜干等	全部
水果 （柑橘类）	橙、橘、柠檬、柚、柑、佛手柑、金橘等	全果
水果 （仁果类）	苹果、梨、山楂、枇杷、榅桲等	全果（去柄），枇杷参照核果
水果 （核果类）	桃、油桃、杏、枣、李子、樱桃等	全果（去柄和果核），残留量计算应计入果核的质量
水果 （浆果和其他小型水果）	藤蔓和灌木类 枸杞、黑莓、蓝莓、覆盆子、越橘、加仑子、悬钩子、醋栗、桑葚、唐棣、露莓（包括波森莓和罗甘莓）等	全果（去柄）
	小型攀缘类 皮可食：葡萄、树番茄、五味子等 皮不可食：猕猴桃、西番莲等	全果
	草莓	全果（去柄）
水果 （热带和亚热带水果）	皮可食类 柿子、杨梅、橄榄、无花果、杨桃、莲雾等	全果（去柄），杨梅、橄榄检测果肉部分，残留量计算应计入果核的质量
	皮不可食类 小型果：荔枝、龙眼、红毛丹等	果肉，残留量计算应计入果核的质量
	中型果：芒果、石榴、鳄梨、番荔枝、番石榴、西榴莲、黄皮、山竹等	全果，鳄梨和芒果去除核，山竹测定果肉，残留量计算应计入果核的质量
	大型果：香蕉、木瓜、椰子等	香蕉测定全蕉；番木瓜测定去除果核的所有部分，残留量计算应计入果核的质量；椰子测定椰汁和椰肉
	带刺果：菠萝、菠萝蜜、榴莲、火龙果等	菠萝、火龙果去除叶冠部分；菠萝蜜、榴莲测定果肉，残留量计算应计入果核的质量

食品类别	名称说明	测定部位
水果 （瓜果类）	西瓜	全瓜
	甜瓜类 　薄皮甜瓜、网纹甜瓜、哈密瓜、 　白兰瓜、香瓜等	全瓜
干制水果	柑橘脯、李子干、葡萄干、干制 无花果、无花果蜜饯、枣（干）等	全果（测定果肉，残留量计算 应计入果核的质量）
坚果	小粒坚果 　杏仁、榛子、腰果、松仁、开 　心果等	全果（去壳）
	大粒坚果 　核桃、板栗、山核桃、澳洲坚 　果等	全果（去壳）
糖料	甘蔗	整根甘蔗，去除顶部叶及叶柄
	甜菜	整根甜菜，去除顶部叶及叶柄
饮料	茶叶	
	咖啡豆、可可豆	
	啤酒花	
	菊花、玫瑰花等	
	果汁 　蔬菜汁：番茄汁等 　水果汁：橙汁、苹果汁等	
食用菌	蘑菇类 　香菇、金针菇、平菇、茶树菇、 　竹荪、草菇、羊肚菌、牛肝菌、 　口蘑、松茸、双孢蘑菇、猴头、 　白灵菇、杏鲍菇等	整棵
	木耳类 　木耳、银耳、金耳、毛木耳、 　石耳等	整棵
调味料	叶类 　芫荽、薄荷、罗勒、艾蒿、紫 　苏等	整棵，去除根

续表

食品类别	名称说明	测定部位
调味料	干辣椒	全果（去柄）
	果类调味料 花椒、胡椒、豆蔻等	全果
	种子类调味料 芥末、八角茴香等	果实整粒
	根茎类调味料 桂皮、山葵等	整棵
药用植物	根茎类 人参、三七、天麻、甘草、半夏、当归等	根、茎部分
	叶及茎干类 车前草、鱼腥草、艾蒿等	茎、叶部分
	花及果实类 金银花、银杏等	花、果实部分

三、豁免制定农药最大残留量的农药名单

豁免制定农药最大残留量的农药见表1-2。

表1-2 豁免制定农药最大残留量的农药

序号	农药（中文）	农药（英文）
1	苏云金杆菌	*Bacillus thuringiensis*
2	荧光假单胞杆菌	*Pseudomonas fluorescens*
3	枯草芽孢杆菌	*Bacillus subtilis*
4	蜡质芽孢杆菌	*Bacillus cereus*
5	地衣芽孢杆菌	*Bacillus licheniformis*
6	短稳杆菌	*Empedobacter brevis*
7	多黏类芽孢杆菌	*Paenibacillus polymyza*
8	放射土壤杆菌	*Agrobacterium radibacter*
9	木霉菌	*Trichoderma* spp.
10	白僵菌	*Beauveria* spp.

续表

序号	农药（中文）	农药（英文）
11	淡紫拟青霉菌	*Paecilomyces lilacinus*
12	厚孢轮枝菌（厚垣轮枝孢菌）	*Verticillium chlamydosporium*
13	耳霉菌	*Conidioblous thromboides*
14	绿僵菌	*Metarhizium* spp.
15	寡雄腐霉菌	*Pythium oligadrum*
16	菜青虫颗粒体病毒	*Pieris rapae* granulosis virus（PrGV）
17	茶尺蠖核型多角体病毒	*Ectropis obliqua* nuclear polyhedrosis virus（EoNPV）
18	松毛虫质型多角体病毒	*Dendrolimus punctatus* cytoplasmic polyhedrosis virus（DpCPV）
19	甜菜夜蛾核型多角体病毒	*Spodoptera exigua* nuclear polyhedrosis virus（SeNPV）
20	粘虫颗粒体病毒	*Pseudaletia unipuncta* granulosis virus（PuGV）
21	小菜蛾颗粒体病毒	*Plutella xylostella* granulosis virus（PxGV）
22	斜纹夜蛾核型多角体病毒	*Spodoptera litura* nuclear polyhedrovirus（SINPV）
23	棉铃虫核型多角体病毒	*Helicoverpa armigera* nuclear polyhedrosis virus（HaNPV）
24	苜蓿银纹夜蛾核型多角体病毒	*Autographa californica* nuclear polyhedrosis virus（AcNPV）
25	三十烷醇	Triacontanol
26	诱蝇羧酯	Trimedlure
27	聚半乳糖醛酸酶	Polygalacturonase
28	超敏蛋白	Harpin protein
29	S-诱抗素	（+）-Abscisic acid
30	香菇多糖	Fungous proteoglycan
31	几丁聚糖	Chitosan
32	葡聚烯糖	Glucosan
33	氨基寡糖素	Oligochitosac charins

第二节　兽药基本知识

一、兽药概念

什么是兽药？兽药就是用于预防和治疗家畜（牛、羊、猪等）、家禽（鸡、鸭、鹅、鸽子等）疾病的物品。常用兽药的分类：抗菌药物、抗病毒药物、抗寄生虫药物等。抗菌药物又分抗生素和合成抗菌药物两类。所谓抗生素就是微生物产生的代谢产物，这种代谢产物对其他的某些微生物有抑制生长或杀灭作用。所谓合成抗菌药就是人们通过化学合成手段制作的抗菌物质，不是由微生物代谢产生的。

二、抗菌药物

抗菌药物分为抗生素和合成抗菌药物两类。

（一）抗生素

抗生素通常分为八类。

1. 青霉素类

青霉素类抗生素是由青霉菌发酵液中提取或进一步半合成制取的一类以青霉烷为母核的β-内酰胺抗生素。其作用原理是干扰细菌细胞壁的合成，使新生的细胞壁产生缺陷而发生溶菌。在药剂浓度较低时仅有抑制细菌生长的作用，在浓度较高时则有强大的杀菌作用。对大多数革兰阳性细菌、部分革兰阴性细菌、各种螺旋体和放线菌有强大的抗菌作用。

青霉素类抗生素包括青霉素、氨苄西林、阿莫西林等。

2. 头孢菌素类（先锋霉素类）

头孢菌素类抗生素是由冠头孢菌的培养液中分离出的头孢菌素C合成制得的一类且有头孢烯母核的β-内酰胺抗生素。其作用原理是干扰细菌细胞壁的合成，使新生缺陷而发生溶菌。对大多数革兰阳性菌和部分革兰阴性菌、各种螺旋体和放线菌有强大的抗菌作用。

头孢菌素类（先锋霉素类）抗生素包括头孢氨苄、头孢羟氨苄、头孢噻呋、先锋霉素V等。

3. 氨基糖苷类

氨基糖苷类抗生素是由链霉菌或小单胞菌产生或经半合成制取而得。其主要作用于细菌蛋白质的合成过程，使细菌合成异常蛋白，阻碍已合成的蛋白释放，使细菌细胞膜的通透性增大而导致一些重要生理物质的外漏损失，引起细菌死亡。本类药物对细菌静止期细胞的杀灭作用强，抗菌谱主要含革兰阴性杆菌、金黄色葡萄球菌以及结核杆菌。

氨基糖苷类抗生素包括链霉素、庆大霉素、阿米卡星、新霉素、安普霉素等。

4. 大环内酯类

大环内酯类抗生素是一类由链霉菌产生或经半合成制造的一类含有14~16元内酯环的抗生素。其主要作用于细菌细胞核糖体50S亚单位，阻碍细菌蛋白质的合成，起到抑菌作用。大环内酯类抗生素主要作用于革兰阳性菌和部分革兰阴性菌，对支原体有较好的作用。

大环内酯类抗生素包括红霉素、罗红霉素、泰乐菌素等。

5. 四环素类

是由链霉菌所产生或经半合成而制取的具有并四苯母核结构的一类碱性抗生素。其作用原理是进入细菌细胞，特异地与核糖体30S亚基结合，阻止氨酰–tRNA与之结合，影响肽链增长形成蛋白质而起抑制作用。本类药物为广谱抗生素，对多数革兰阳性菌、革兰阴性菌、支原体、螺旋体、立克次体都有作用。

四环素类抗生素包括土霉素、强力霉素、金霉素、四环素等。

6. 氯霉素类

氯霉素类抗生素是由链霉素菌产生或用合成法制造。其作用机理是干扰微生物蛋白合成。本类抗生素抗菌谱广，对多数革兰阳性菌、革兰阴性菌、立克次体、衣原体等有效。

氯霉素类抗生素包括氟苯尼考、甲砜霉素、氯霉素等。

7. 林可霉素类

林可霉素类抗生素是由链霉素产生或半合成的一类碱性抗生素。

林可霉素类抗生素包括林可霉素、克林霉素等。

8. 其他抗生素

黏杆菌素（多黏菌素）是由多黏芽孢杆菌产生的一种碱性多肽类抗生素。对多数革兰阴性菌起作用。

其他类抗生素包括硫酸黏杆菌素等。

（二）合成抗菌药物

合成抗菌药物通常分为三类。

1. 磺胺类

磺胺类药物可与细菌合成二氢叶酸必须的对氨基苯甲酸分子形态近似，抑制二氢叶酸合成酶而起抑菌作用。磺胺类增效剂通过抑制二氢叶酸还原酶起抑菌作用。磺胺类药物对多数革兰阳性菌和革兰阴性菌都有作用。

磺胺类药物包括泰灭净、磺胺喹噁啉钠、磺胺嘧啶、磺胺二甲基嘧啶等。

2. 硝基呋喃类

硝基呋喃类药物对多种革兰阴性菌和部分革兰阳性球菌有作用。

硝基呋喃类药物包括痢特灵、呋吗唑酮等。

3. 喹诺酮类

喹诺酮类药物作用于细菌的DNA回旋酶，使DNA不能形成超螺旋，造成染色体的不可逆损害，妨碍菌细胞的分裂。本类药物对革兰阴性菌、部分革兰阳性菌、支原体、立克次体等有较好的作用。

喹诺酮类药物包括环丙沙星、恩诺沙星、左旋氧氟沙星、沙拉沙星等。

三、禁止使用的兽药

表1-3给出禁止使用的药物，在动物性食品中不得检出。

表1-3　在动物性食品中不得检出的违禁药物

药物名称	禁用动物种类	靶组织
氯霉素（Chloramphenicol）及其盐、酯〔包括：琥珀氯霉素（Chloramphenicol Succinate）〕	所有食品动物	所有可食组织
克伦特罗（Clenbuterol）及其盐、酯	所有食品动物	所有可食组织
沙丁胺醇（Salbutamol）及其盐、酯	所有食品动物	所有可食组织
西马特罗（Cimaterol）及其盐、酯	所有食品动物	所有可食组织

药物名称	禁用动物种类	靶组织
氨苯砜（Dapsone）	所有食品动物	所有可食组织
己烯雌酚（Diethylstilbestrol）及其盐、酯	所有食品动物	所有可食组织
呋喃它酮（Furaltadone）	所有食品动物	所有可食组织
呋喃唑酮（Furazolidone）	所有食品动物	所有可食组织
林丹（Lindane）	所有食品动物	所有可食组织
呋喃苯烯酸钠（Nifurstyrenate sodium）	所有食品动物	所有可食组织
安眠酮（Methaqualone）	所有食品动物	所有可食组织
洛硝达唑（Ronidazole）	所有食品动物	所有可食组织
玉米赤霉醇（Zeranol）	所有食品动物	所有可食组织
去甲雄三烯醇酮（Trenbolone）	所有食品动物	所有可食组织
醋酸甲孕酮（Megestrol acetate）	所有食品动物	所有可食组织
复硝酚钠（Sodium nitrophenolate）	所有食品动物	所有可食组织
硝呋烯腙（Nitrovin）	所有食品动物	所有可食组织
毒杀芬（氯化莰烯）（Camphechlor）	所有食品动物	所有可食组织
呋喃丹（克百威）（Carbofuran）	所有食品动物	所有可食组织
杀虫脒（克死螨）（Chlordimeform）	所有食品动物	所有可食组织
双甲脒（Amitraz）	水生食品动物	所有可食组织
酒石酸锑钾（Antimony potassium tartrate trihydrate）	所有食品动物	所有可食组织
锥虫胂胺（Tryparsamide）	所有食品动物	所有可食组织
孔雀石绿（Malachite green）	所有食品动物	所有可食组织
五氯酚酸钠（Pentachlorophenol sodium）	所有食品动物	所有可食组织
氯化亚汞（甘汞）（Calomel）	所有食品动物	所有可食组织
硝酸亚汞（Mercurous nitrate）	所有食品动物	所有可食组织
醋酸汞（Mercurous acetate）	所有食品动物	所有可食组织
吡啶基醋酸汞（Pyridyl mercurous acetate）	所有食品动物	所有可食组织
甲基睾丸酮（Methyltestosterone）	所有食品动物	所有可食组织
群勃龙（Trenbolone）	所有食品动物	所有可食组织

第三节 抽样检验术语

一、基本术语

1. 单位产品/个体（item/entity）

能被单独描述和考虑的一个事物。示例：一个分立的物品、预包装的一定量的散料。

2. 总体（population）

所研究单位产品/个体的全体。

3. 批（lot）

按抽样目的，在基本相同条件下组成的总体的一个确定部分。

注：例如：抽样目的可以是判定批的可接收性，或是估计某特定特性的均值。

4. 孤立批（isolated lot）

从一个批序列中分离出来的，不属于当前序列的批。

5. 单批（unique lot）

在特定条件下组成的，不属于常规序列的批。

6. 抽样单元（sampling unit）

将总体进行划分后的每一部分。

注1：抽样单元可以包含一个或多个个体/单位产品。但从一个抽样单元中只得到一个测试结果。

注2：抽样单元可由分立的个体组成或由一定量的散料组成。

7. 样本（sample）

由一个或多个抽样单元构成的总体的子集。

注：样本既可指构成抽样单元的具体物品、散料等，也可指这些抽样单元（或单位产品/个体）的某个特性值。在限定前一种含义时，样本中的每个抽样单元（或单位产品/个体）也称为"样品"。

8. 样本量（sample size）

样本中所包含的抽样单元的数目。

注：对散料抽样，样本量一般指试样或测试单元的总数，有时也指集样中份样的数量，或是每批中集样的数量，或是由每个集样得到的试样的数量。

9. 抽样（sampling）

抽取或组成样本的行动。

10. 不合格（nonconformity）

不符合规定的要求。

注：根据单位产品质量特性的重要性或质量特性不符合的严重程度，可将不合格分为：A类不合格、B类不合格和C类不合格。

11. 不合格品（nonconforming item）

有一项或多项不合格的单位产品。

12. 100% 检验（100% inspection）

对所考虑的产品集合内每个单位产品被选定的特性都进行的检验。

13. 抽样检验（sampling inspection）

从所考虑的产品集合中抽取若干单位产品进行的检验。

14. 验收抽样检验（acceptance sampling inspection）

确定批或其他一定数量的产品是否可接收的抽样检验。

15. 正常检验（normal inspection）

没有理由认为过程质量水平与规定的质量水平不同时，所采用的检验。

注：仅限于GB/T 2828.1—2012和GB/T 6378.1—2008。

16. 放宽检验（reduced inspection）

当预定批数的正常检验结果表明过程质量水平优于规定的质量水平时，所转移到的比正常检验严格度低的检验。

注：仅限于GB/T 2828.1—2012和GB/T 6378.1—2008。

17. 加严检验（tightened inspection）

当预定批数的正常检验结果表明过程质量水平劣于规定的质量水平时，所转移到的比正常检验严格度高的检验。

注：仅限于GB/T 2828.1—2012和GB/T 6378.1—2008。

18. 抽样方案（sampling plan）

由所使用的样本量及相应的批接收准则的组合。

19. **抽样计划**（sampling scheme）

验收抽样方案与从一个抽样方案转为另一个抽样方案的转移规则的组合。

20. **检验水平**（inspection level）

预先设定的，反映样本量和批量关系的与验收抽样计划检验量有关的指数。

21. **质量水平**（quality level）

用不合格品百分数或每百单位产品不合格数表示的质量状况。

22. **接收概率**（probability of acceptance）

当使用一个给定的抽样方案时，具有特定质量水平的批或过程被接收的概率。

23. **操作特性曲线**（operating characteristic curve，OC 曲线）

对给定的抽样方案，表示批的接收概率与其质量水平之间关系的曲线。

24. **使用方风险**（consumer's risk）

当质量水平为不满意值时，但被抽样方案接收的概率。

注：质量水平可与不合格（不合格品）率有关，且与极限质量水平（LQL）比较是不满意的。

25. **生产方风险**（producer's risk）

当质量水平为可接收时，但不被抽样方案接收的概率。

注1：质量水平可与不合格（不合格品）率有关，并且和接收质量限（AQL）比较是可接受的。

注2：为解释生产方风险需已知所涉及的质量水平。

26. **使用方风险点**（consumer's risk point）

操作特性曲线上，对应于预定的低接收概率的点。

注：该低接收概率称为"使用方风险"，由使用方风险点确定的相应的批质量称为"使用方风险质量"。

27. **生产方风险点**（producer's risk point）

操作特性曲线上，对应于预定的高接收概率的点。

注：对生产方风险点的解释需要对所规定质量水平有所了解。

28. 使用方风险质量（consumer's risk quality）

对于抽样方案，与规定的使用方风险相对应的批的质量水平。

注：使用方风险一般规定为10%。

29. 生产方风险质量（producer's risk quality）

对于抽样方案，与规定的生产方风险相对应的批的质量水平。

注1：应规定操作特性曲线的类型。

注2：生产方风险一般规定为5%。

30. 极限质量（limiting quality）

在对孤立批进行抽样检验时，应将其限制在低接收概率的质量水平。

31. 极限质量水平（limiting quality level）

在对一系列连续批进行抽样检验时，应将其限制在低接收概率的不满意的过程平均质量水平。

32. 接收质量限（acceptance quality limit）

可容忍的最差质量水平。

注1：本概念仅适用于如GB/T 2828.1—2012和GB/T 6378.1—2008带有转移规则和暂停规则的抽样计划。

注2：虽然具有与接收质量限一样差的某些个别批，能以相当高的概率接收，但指定接收质量限并非暗示它是所需要的质量水平。

33. 无区别域（indifference zone）

介于接收质量限与极限质量水平之间的质量水平区域。

34. 核查总体（audit population）

被实施核查的单位产品的全体。

35. 核查总体合格（audit population conformity）

核查总体中的实际不合格品百分数小于或等于声称质量水平。

36. 核查总体不合格（audit population nonconformity）

核查总体中的实际不合格品百分数大于声称质量水平。

37. 抽检合格（sampling inspection passed）

样本中包含的不合格品数 d 小于或等于不合格品限定数 L。

38. 抽检不合格（sampling inspection failed）

样本中包含的不合格品数 d 大于不合格品限定数 L。

39. 复验（repeat test）

对原样品进行重复性或再现性的测试。

40. 复检（repeat inspection）

在原核查总体中再次抽取样本进行检验，决定核查总体是否合格。

注：复检和复验统称为复查。

41. 质量比（quality ratio）

核查总体的实际质量水平与声称质量水平的比值。

42. 极限质量比（limiting quality ratio）

将错误判定核查总体抽检合格的风险限定在某一较小值（本标准中规定为10%）时的质量比的值。

43. 极限质量比水平（limiting quality ratio level）

极限质量比的等级。

44. 声称质量水平（declared quality level）

核查总体中允许的不合格品百分数的上限值。

45. 声称质量水平上限（upper limit of declared quality level）

核查总体质量水平允许的上限值。

46. 声称质量水平下限（lower limit of declared quality level）

核查总体质量水平允许的下限值。

47. 限定值（limiting value）

基于声称质量水平，质量统计量允许的最小值。

二、计数抽样检验术语

1. 计数抽样检验（sampling inspection by attributes）

根据观测到的样本中各单位产品是否具有一个或多个规定的质量特征，从统计上判定批可接收性的抽样检验。

2.（样本）不合格品百分数（percent nonconforming（in a sample））

样本中的不合格品数除以样本量再乘以100，即：$d/n \times 100$，式中，d

为样本中的不合格品数，n 为样本量。

3.（总体或批）不合格品百分数（percent nonconforming（in a population or lot））

总体或批中的不合格品数除以总体量或批量再乘以 100，即：$100p = D/N \times 100$，式中，p 为不合格品率，D 为总体或批中的不合格品数，N 为总体量或批量。

4.（样本）每百单位产品不合格数（nonconformities per 100 items（in a sample））

样本中不合格数除以样本量再乘以 100，即：$d/n \times 100$，式中，d 为样本中的不合格数，n 为样本量。

5.（总体或批）每百单位产品不合格数（nonconformities per 100 items（in a population or lot））

总体或批中的不合格数除以总体量或批量再乘上 100，即：$100p = D/N \times 100$，式中，p 为每单位产品不合格数，D 为总体或批中不合格数，N 为总体量或批量。

注：一个单位产品可能包含一个或一个以上的不合格。

6. 拒收数（rejection number）

计数抽样检验方案中给定的，不接收该批所要求的样本中不合格或不合格品的最小数目。

7. 接收数（acceptance number）

计数抽样检验方案中给定的，接收该批所允许的样本中不合格或不合格品的最大数目。

三、计量抽样检验术语

1. 计量抽样检验（sampling inspection by variables）

根据来自批的样本中的各单位产品的规定质量特性测量值，从统计上判定批可接收性的（验收）抽样检验。

注：假定取自可接收过程的批是可接收的。

2. σ 法（sigma method）

使用过程标准差假定值的计量抽样检验。

3. *s* 法（*s* method）

使用样本标准差的计量抽样检验。

4. **规范限**（specification limit）

对质量特性规定的合格界限值。

5. **下规范限**（lower specification limit）

对单位产品或服务规定的合格下界的规范限。

6. **上规范限**（upper specification limit）

对单位产品或服务规定的合格上界的规范限。

7. **质量统计量**（quality statistic）

规范限、样本均值和样本标准差的函数，用于评定批的接收性。

注：对于单侧规范限，批的可接收性通过比较质量特性 Q 与接收常数 k 来判定。

8. **下质量统计量**（lower quality statistic）

下规范限、样本均值和样本（或过程）标准差的函数

注：对于单侧下规范限，批的可接收性通过比较下质量统计量 Q_L 与接收常数 k 来判定。

9. **上质量统计量**（upper quality statistic）

上规范限、样本均值和样本（或过程）标准差的函数。

注：对于单侧上规范限，批的可接收性通过比较上质量统计量 Q_U 与接收常数 k 来判定。

10. **接收常数**（acceptability constant）

计量抽样方案中，依赖于规定的接收质量限和样本量的用在批接收准则中的常数。

11. **接收值**（acceptance value）

在计量抽样方案中，样本均值满足接收常数的限定值。

四、散装抽样检验术语

1. 散料（bulk materials）

其组成部分在宏观水平上难以区分的材料。

注1：散料批指所考察的散料总体中，用以对特定特性进行测定的确定部分。

注2：在商业上，散料一般只涉及一个批，在此情形，批即为总体。

2. 份样（increment）

用抽样装置一次抽取的一定量的散料。

注1：份样的采集位置、定界及抽取应使散料批中的所有部分被抽到的概率都相等。

注2：抽样常通过若干相继阶段来完成。此时有必要区分在第一阶段从批中抽取的初级（一级）份样与第二阶段从初级份样中抽取的次级（二级）份样，依次类推。第二阶段及以后各阶段抽样称为样本缩分。

3. 集样（composite sample）

从批中按抽样规则抽取的两个或以上份样的集合。

4. 试样（test sample）

制备所得的可用于一次或数次测试或分析的样本。

5. 样本制备（sample preparation）

将样本转化为试样的一组必要操作。示例：样本的粉碎、混合及缩分。

注：对颗粒材料，样本缩分的每一操作都是下一样本制备阶段的开始，因此样本制备的阶段数等于缩分的步骤数。

6. 测试份量（test portion）

用于一次测试或分析的试样部分。

五、符号和缩略语

本书使用的部分符号和缩略语如下：

Ac ——接收数；

AQL ——接收质量限；

CRQ ——使用方风险质量；

d ——样本中的不合格品数或不合格数；

d_I ——份样间的相对标准差；

d_T ——试样间的相对标准差；

D ——鉴别区间长度；

DQL ——声称质量水平；

DQL_U——声称质量水平上限；

DQL_L——声称质量水平下限；

L ——不合格品限定数，下规范限；

U ——上规范限；

LQ ——极限质量；

LQR ——极限质量比；

k ——接收常数，限定值；

L_{SL} ——批平均值的下规范限；

U_{SL} ——批平均值的上规范限；

m ——批平均值；

m_A ——批平均值的接收质量限；

m_R ——批平均值的不接收质量限；

N ——批量，核查总体量；

n ——样本量；

n_I ——每个集样中的份样数；

n_M ——每个试样中的测量数；

n_T ——每个集样中的试样数；

C ——每批的费用；

C_I ——与份样总数成比例的费用总和；

C_M ——与测量总数成比例的费用总和；

C_T ——与试样总数成比例的费用总和；

c_I ——抽取单个份样的费用；

c_M ——单次测量的费用；

c_T ——制备单个试样的费用；

c_{TM} ——处理单个试样的费用（$=c_T+n_Mc_M$）；

p ——批质量水平，核查总体的实际质量水平；

P_a ——接收概率，核查总体判为抽检合格的概率；

PRQ ——生产方风险质量；

Q ——质量统计量；

Q_L ——下质量统计量；

Q_U ——上质量统计量；

QR ——质量比；

Re ——拒收数；

R_C ——费用比率；

$S(s)$ ——样本标准差；

s_C ——集样标准差；

s_M ——测量标准差；

s_T ——试样标准差；

$X_i(x_i)$ ——第i个样本产品的质量特性值；

x_{ijk} ——从第i个集样中抽出的第j个试样的第k个测试单元的测量值；

$\bar{x}_{\cdots}$ ——样本总平均值；

$\bar{x}_L$ ——下接收值；

$\bar{x}_U$ ——上接收值；

$\bar{X}(\bar{x})$ ——样本均值；

α ——生产方风险，第一类错误概率（错判风险）；

β ——使用方风险，第二类错误概率（漏判风险）；

δ ——极限区间常数；

γ ——接收值常数；

$\varDelta$ ——上、下接收质量限间的距离；

μ ——总体均值，过程平均；

v ——标准差的自由度；

v_E ——估计值标准差的自由度；

σ ——总体标准差，过程标准差；

$\hat{\sigma}$ ——总体标准差的估计值；

σ_C ——集样标准差；

σ_E ——批平均值的估计值标准差；

σ_M ——测量标准差；

σ_T　　——试样标准差（$\sigma_T^2 = \sigma_P^2 + \dfrac{\sigma_M^2}{n_M}$）；

σ_I^2　　——份样间的方差分量；

σ_M^2　　——测量值间的方差分量；

σ_P^2　　——试样间的方差分量（制备试样所产生的方差）。

六、引用标准

GB/T 2828.1—2012《计数抽样检验程序　第1部分：按接收质量限（AQL）检索的逐批检验抽样计划》

GB/T 2828.2—2008《计数抽样检验程序　第2部分：按极限质量（LQ）检索的孤立批检验抽样方案》

GB/T 2828.3—2008《计数抽样检验程序　第3部分：跳批抽样程序》

GB/T 2828.4—2008《计数抽样检验程序　第4部分：声称质量水平的评定程序》

GB/T 2828.11—2008《计数抽样检验程序　第11部分：小总体声称质量水平的评价程序》

GB/T 3358.2—2009《统计学词汇及符号　第2部分：应用统计》

GB/T 6378.1—2008《计量抽样检验程序　第1部分：按接收质量限（AQL）检索的对单一质量特性和单个AQL的逐批检验的一次抽样方案》

GB/T 6378.4—2008《计量抽样检验程序　第4部分：对均值的声称质量水平的评定程序》

GB/T 8054—2008《计量标准型一次抽样检验程序及表》

GB/T 10111—2008《随机数的产生及其在产品质量抽样检验中的应用程序》

GB/T 13393—2008《验收抽样检验导则》

GB/T 16306—2008《声称质量水平复检与复验的评定程序》

GB/T 22555—2010《散料验收抽样检验程序和抽样方案》

GB/T 29921—2013《食品安全国家标准　食品中致病菌限量》

ISO 11648-1：2003《散料抽样的统计表述　第1部分：一般原则（Statistical aspects of sampling from bulk materials–Part 1: General principles）》

第四节　抽样检验原理

一、抽样检验简介

1. 抽样检验概念

抽样检验是相对于100%检验而言的，它是从所考虑的产品集合（如批或过程）中抽取若干单位产品（如分立产品）或一定数量的物质和材料（如散料）进行检验，以此来判定所考虑的产品集合的接收与否，即做出接收或不接收的判定。

2. 抽样检验分类

抽样检验可分成许多不同的类型。按照统计抽样检验的目的，可分为预防性抽样检验、验收抽样检验和监督抽样检验。预防性抽样检验用于生产过程质量控制，验收抽样检验用于产品的出厂验收和交付验收，监督抽样检验用于第三方监督核查。

按检验判别中质量特性的使用方式，可划分为计数抽样检验和计量抽样检验。计数抽样检验判别依据是不合格品数和不合格数，计量抽样检验判别依据是质量特性的平均值。

抽样检验时按抽取样本的次数可分为一次抽样检验、二次抽样检验、多次抽样检验以及序贯抽样检验；按连续批抽样检验过程中方案是否可调整，又可将抽样检验分为调整型抽样检验和非调整型抽样检验等。

3. 计数抽样检验与计量抽样检验

计数抽样检验是按照规定的质量标准，把单位产品简单地划分为合格品或不合格品，或者只计算缺陷数，然后根据样本中不合格品的计数值对批进行判定的一种检验方法；计量抽样检验是对单位产品的质量特征，应用某种与之对应的连续量（例如：质量、长度等）实际测量，然后根据统计计算结果（例如：均值、标准差或其他统计量等）是否符合规定的接收判定值或接收准则，从而对批进行判定的抽样检验。

计数抽样检验以批量、检验水平和质量水平作为检索要素，得到样本量和接收数，然后比较不合格品数来判定批的接收性。计量抽样检验以批量、检验水平和质量水平作为检索要素，得到样本和接收常数，从而得到接收限，然后比较接收限与样本特性均值来判定批的接收性。

4. 抽样方案

对于计数抽样检验，抽样方案一般表示为（n，Ac，Re）。其中n为样本量，Ac为接收数，Re为拒收数。以一次抽样方案为例：如果样本中的不合格品（或不合格）数d小于或等于接收数Ac时，接收该批；若d大于或等于拒收数Re时，则不接收该批。

对于计量抽样检验，抽样方案由样本量n和接收常数k组成。根据质量特性规范限的不同可分为上规范限情形、下规范限情形以及双侧规范限情形；以双侧规范限且标准差已知为例：当$Q_U>k$且$Q_L>k$时则接收批；当$Q_U \leqslant k$或$Q_L \leqslant k$时，则拒收批；其中$Q_U=\dfrac{\mu_U-\bar{x}}{\sigma}$，$Q_L=\dfrac{\bar{x}-\mu_L}{\sigma}$，$\bar{x}$为质量特性样本平均值，$\mu_U$为上规范限，$\mu_L$为下规范限，$\sigma$为已知标准差。

5. 一次标准型抽样方案

标准型抽样检验方案的生产方风险α与使用方风险β是固定的，通常取$\alpha=5\%$，$\beta=10\%$。一次标准型抽样检验是按照确定的规则，基于预先确定的样本量一次抽取单个样本，并根据所得的检验结果即可做出接收性判定的抽样检验。例如计数一次抽样检验方案一般有样本量n，接收数Ac，在实施时，从批中随机抽取n个单位产品进行检验，如果样本中的不合格品（或不合格）数d小于或等于接收数Ac时，接收该批；若d大于或等于拒收数$Re=Ac+1$时，则不接收该批。

6. 抽样检验方案的特性

（1）操作特性曲线（OC曲线） 采用验收抽样检验会带来生产方风险和使用方风险，但双方风险可以计算。OC曲线表示批的接收概率与其质量水平之间的关系，其横坐标表示批质量，纵坐标表示使用该抽样检验方案时，相应于给定质量水平批被接收的概率。利用抽样方案的OC曲线，当已知批质量时可读出批被接收的概率。对于某一规定的好质量，生产方要求以高概率接收，这个好质量称为生产方风险质量（如PRQ），相应的不接收概率即为生产方风险；另一方面，对于某一规定的劣质量，使用方要求以低概率接收，这个劣质量称为使用方风险质量（如CRQ），相应的接收概率即为使用方风险，见图1-1。

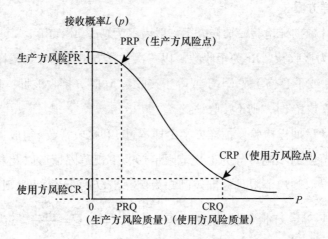

图1-1 抽样检验方案操作特性曲线（OC曲线）

（2）PRQ和CRQ值的选取　指定PRQ的选取。制定PRQ时应考虑如下因素：要求供方的批平均质量（或批质量）不劣于PRQ，而且此质量是可达到的；对于采购方，PRQ是一个合理的质量，是满足要求与能够买得起之间的折中。如果需要的产品很容易买到，不合格品可用合格品替换，PRQ值可适当大些，反之，一个不合格品可能引起设备上的某一重要构件失效，又不能用合格品替换时应使用较小的PRQ。通过分析以往数据来估计过程平均，将此估计值或略小于它的某个数值定为PRQ。当给定PRQ时，如果所选抽样方案的OC曲线的尾部不能满足使用方的要求，则需指定某个更严格的PRQ。不一定总是先选定PRQ再做其他选择。必要时可采用"反推"方法，按其他准则选定一个抽样方案，然后通过抽样方案表反推出所需的PRQ值。使用反推法时，宜考虑OC曲线上某个接收概率低的重要的点，或考虑其他的经济准则。把类似产品的某个已知的满意质量水平（或质量）定为PRQ。暂时指定一个PRQ，然后根据使用情况和经验进行调整。建立一个费用模型，选择PRQ使总费用最小。

CRQ的选取。CRQ是为了抽样经验的目的，限制在某一低接收概率的质量水平。指定CRQ的方法与指定PRQ的方法类似。

7. 调整型抽样检验

调整型抽样检验是利用随机抽样，使用预先确定的改变样本量和抽样频率的规则，可以从统计角度量化的抽样检验，这种抽样往往基于对产品和过程的了解，以及生产方和使用方的要求。

如果产品质量很好时，可依据一组转移规则，从正常抽样检验转移到放宽抽样检验。放宽抽样检验可以减少样本量，但生产方风险减小而使用方风险增加。如果过程平均一致地优于规定的接收质量限（AQL），则采取放宽抽样检验方案是合理的。当至少有10个批的过程平均质量水平远远小于AQL时，可以采取跳批抽样程序（见GB/T 2828.3—2008），较GB/T 2828.1—2012中所述的放宽抽样检验方案更经济。

涉及到常规产品的非关键质量特性的检验时，一些使用方倾向于采用小样本量检验，样本中有零个不合格产品时就接收该批。例如，抽样方案的样本量为8，接收数为0等价于AQL为1.5（％）的正常检验或0.65（％）放宽检验的抽样方案。

采用正常检验时，连续5批或少于5批中有两批不被接收，则转移到使用加严抽样检验方案。一旦采用加严检验，直到有连续5批被接收时才恢复正常检验。这种严格的要求是有意的，因为一旦发现了不可接收的质量水平，就有理由怀疑生产过程的质量。在采用加严检验的时候，如果不接收批的累计数达到5批，抽样检验将被停止，直到有证据证明采取了有效的纠正措施后，才能恢复抽样检验。

二、抽样方案选择

1. 抽样方案选择因素

使用者选择适当的抽样方案时，应考虑一下因素：抽样检验目的、要控制的质量特性及其类别、批的特性。

2. 抽样检验目的

在食品抽样中对适用的抽样标准的选用及抽样方案的选择首先取决

于抽样的目的。验收抽样检验的目的是检验生产方提交的批质量水平是否处于或优于相互认可的质量水平。通过按一定的抽样方案在提交批中抽取样本，根据样本检验的结果对批接收性，即接收或不接收批作出判定。验收抽样程序仅用作检验交验批的样本后交付产品的实际规则。因此这些程序不明确涉及任何形式上的声称质量水平。当抽样目的是核查产品的实际质量水平是否符合声称质量水平时需要使用核查抽样，即用于评定某一总体（批或过程等）的质量水平是否符合某一声称质量水平。

3. 要控制的质量特性及其类别

（1）质量特性　质量特性即为一种有助于识别或区分给定批中产品的性质。特性可以是定量的（某个明确的测量数/被测数量）也可以是定性的。

——定性特性：用合格/不合格或类似基准度量的特性。例如，单位产品的合格与否、某种病原微生物的数量；

——定量特性：可用连续尺度度量的特性。例如，某种成分特性。

（2）计量和计数选择　若检验的质量特性是不可测量的，或是可测量的但质量特性不符合正态分布（或近似正态分布），则用计数抽样；若质量特性可测量且符合正态分布（或近似正态分布），则用计量抽样。如，检验水平外表缺陷不可测量，用计数抽样。

计量抽样检验与计数抽样检验的选择，应考虑的因素如下。

①费用因素：在相同的AQL下，计数抽样检验所需样本量较大，单位产品检验费用更高、更耗时；而相应的计量抽样检验所需样本量较小，费用更低。

②信息因素：计数抽样检验不能较充分利用样本所提供的产品质量优劣程度信息，功效不如计量抽样检验。

③便利因素：计数抽样检验不需要复杂计算，使用方便，易于理解和接收。

④配套因素：计量抽样检验更适合与计量型控制图联合使用。

4. 批的特性

按照批的特性可分为连续批、孤立批以及散料，分别适用于连续批抽样、孤立批抽样以及散料抽样。

三、样本抽取及构成

样本抽取的原则是所抽取的样本分布具有能代表总体的分布的特性，

为此目的，只要有可能都应该使用随机抽样程序。

对由单位产品组成的总体（批），可根据具体情况按GB/T 10111—2008采用简单随机抽样、系统抽样或分层随机抽样。

四、抽样报告

每次的抽样行为都要按照要求起草抽样报告，特别是要指出抽样的原因、样本的来源、抽样的方法和抽样的时间和地点，加上任何有助于分析的附加信息（如传送时间或条件）。样本，特别是试验的样本要清楚鉴别。

在违背推荐使用的抽样程序的任何一种情况下（必要的时候，不管由于何种原因违背推荐使用的程序），则抽样报告应附加另外详细描述实际采取的抽样程序的报告。此外在此情形下，不应得出任何结果，结果也要由负责部门给出。

五、抽样费用

使用者关注抽样方案的功效与样本量的关系。对给定的接收质量限AQL，越少的样本量意味着越低的抽样费用。但是差的效率就导致批被错误接收的风险的增加和更多的贸易损失。同时，样本量给定（样本量可通过费用确定）的情况下，抽样方案功效的提高要求选择低AQL值的方案。序贯或多次抽样方案可用更少的样本量，排除质量差的批，减少抽样费用。

第五节 抽样检验程序

一、计数抽样检验程序

1. 计数抽样检验概述

计数抽样检验适用于由单位产品组成的批的验收抽样，及对批质量水平是否符合某一声称质量水平的评定。每个单位产品在检验时可按其所考察的质量特性评定为合格品或不合格品，或对其存在的不合格数进行记录。批的质量水平由不合格品百分数或每百单位产品不合格数表示。

计数抽样检验程序应用GB/T 2828系列标准。其中连续批抽样检验按GB/T 2828.1—2012，孤立批或单批抽样检验按GB/T 2828.2—2008，而对声称质量水平评定的计数抽样检验则按GB/T 2828.4—2008或GB/T 2828.11—2008。微生物检验中用到的二级或三级计数抽样检验按本节的第5部分执行。

2.连续批计数抽样检验

（1）一般程序　计数连续批检验抽样方案按批量、检验水平和接收质量限（AQL）检索。抽样的目的是通过批不接收使生产方将过程平均质量水平至少保持在和规定的接收质量限一样好。连续批检验抽样应用GB/T 2828.1—2012，这个系列批的最小批数应至少为10。

抽样检验的一般程序有以下几步。

①批的组成：批的组成和批量应根据交验批的实际情况确定并经负责部门批准。

②设定接收质量限（AQL）：AQL应体现生产方与使用方双方认可的质量水平，原则上由双方协商或负责部门指定。可以给不合格组或单个的不合格指定不同的AQL。当以不合格品百分数表示质量水平时，AQL值应不超过10（％）。当以每百单位产品不合格数表示质量水平时，可使用的AQL值每百单位产品中不合格数可达1000。GB/T 2828.1—2012表A系列中给出的AQL值称为优先的AQL系列，原则上应指定AQL系列中的值。

③给定检验水平：检验水平应用GB/T 2828.1—2012表1中列出的一般检验水平Ⅰ、Ⅱ和Ⅲ等三个检验水平，除非另有规定，应使用一般检验水平Ⅱ。此外在GB/T 2828.1—2012表1中还给出了另外四个特殊检验水平S–1、S–2、S–3和S–4，可用于样本量必须相对地小且能容许较大抽样风险的情形。

④确定样本量字码：在给定检验水平后，由批量以及检验水平在GB/T 2828.1—2012表1查得样本量字码。

⑤检索抽样方案：由样本量字码以及给定的AQL，在GB/T 2828.1—2012的表2–A中查得一次正常检验的样本量n以及相应AQL的接收数Ac，即抽样方案为（n，Ac）。

⑥对批接收性的判定：对每个样本产品进行检验后，若样本不合格品数 $d \le Ac$，则接收该批；若 $d \ge Ac+1=Re$，不接收该批，其中 Re 为拒收数。

⑦不同检验严格度的转移：检验的严格度有正常、加严和放宽三种。检验应由正常检验开始。若产品质量满意，符合从正常到放宽检验的转移，经负责部门同意，可以正常转移至放宽。不同检验严格度的具体转移规则参见 GB/T 2828.1—2012 的相关部分。

（2）示例　检验批量是 90 的预包装速冻豌豆的质量，每袋速冻豌豆的不合格标准为袋中不合格豌豆（金色豌豆或有疤痕豌豆）数量多于 15%（质量分数）。采用的 AQL 为 1.0（%），使用一般检验水平Ⅱ。从 GB/T 2828.1—2012 中的表 1 中查得对应的样本量字码为 E，从表 2-A 中查得正常检验的一次抽样方案样本量 $n=13$，对应 AQL 为 1.0（%）的接收数为 Ac=0（样本中可接收的不合格袋的最大数），拒收数为 Re=1（不接收批时样本中不合格袋的最小数）。对样本检验的结果为：

——如果在含有 13 袋的样本中不合格袋的数量等于 0 时接收该批；

——如果在含有 13 袋的样本中不合格袋的数量大于或等于 1 时不接收该批。

3. 计数孤立批抽样检验

（1）一般程序　计数孤立批或单批抽样检验方案按批量、检验水平和极限质量（LQ）检索，应用 GB/T 2828.2—2008。GB/T 2828.2—2008 提供了模式 A 和模式 B 两种抽样方案。

（2）模式 A　此程序用于生产方和使用方都认为批处于孤立状态。除非有说明要使用模式 B，否则就用模式 A。

模式 A 的一般程序有以下几步。

①给定极限质量（LQ）：LQ 应体现生产方与使用方双方认可的质量水平，原则上由双方协商决定。与 AQL 不同，极限质量（LQ）不能为使用方提供其接收批真实质量的可靠指导。为此，极限质量实际上宜选为最小 3 倍于所期望的质量。

②检索抽样方案：用指定的批量和极限质量作为检索值，查 GB/T 2828.2—2008 中的表 1 查得一次正常检验的抽样方案（n，Ac）。

③对批接收性的判定：样本不合格品数$d \leqslant$ Ac，接收该批；否则不接收该批。

（3）模式B　此程序用于生产方认为该批是连续系列中的某批，而使用方认为该批处于孤立状态。此模式考虑生产方对许多使用方均保持一致的生产过程而任一使用方都只关系某特定批。

模式B的一般程序有以下几步。

①给定检验水平：与模式A不同，模式B需要检验水平。除非另有规定，应使用检验水平Ⅱ。

②确定样本量字码：在给定检验水平后，由批量以及检验水平在GB/T 2828.1—2012中的表1或GB/T 2828.2—2008中的表20查得样本量字码。

③给定极限质量（LQ）：模式B中LQ的确定与模式A相同。

④检索抽样方案：用给定的LQ从GB/T 2828.2—2008中的表10～19中选择合适的表。从每个表中，用规定的批量和检验水平检索出适用的抽样方案（n，Ac）。

⑤对批接收性的判定：样本不合格品数$d \leqslant$ Ac，接收该批；否则不接收该批。

（4）示例　一家超市欲进一批包装酸奶，20包为一盒，允许1%的盒中酸奶容量不足，但不愿接收过高的不合格率的风险，计划购买5000盒。

若双方同意使用模式A，规定极限质量为3.15（%），对于批量为5000，从GB/T 2828.2—2008中的表1中选取的抽样方案为$n=200$，Ac=3。

若双方同意使用模式B，规定极限质量仍为3.15（%），一般检验水平Ⅲ，对于批量5000查GB/T 2828.2—2008中的表20知样本量字码为M，然后由相应的GB/T 2828.2—2008中的表14得到新的抽样方案变为$n=315$，Ac=5。

若不合格品数为4，则使用模式A，批不被接收；使用模式B，批被接收。

4. 声称质量水平评定的计数抽样检验

（1）一般程序　声称质量水平评定的计数抽样检验用于核查某产品总体是否符合声称的质量水平。

GB/T 2828.4—2008给出了用于评价批或过程质量水平是否符合声

称质量水平的抽样方案和程序。其设计的抽样方案当实际质量水平优于声称质量水平时，判抽查不合格的风险小于5%；当实际质量水平劣于声称质量水平，且当实际质量水平为该声称质量水平的LQR倍时，有10%的风险判定抽检合格（相当于判定抽检不合格的概率为90%）。GB/T 2828.4—2008适用于较大总体，总体量应大于250。

对声称质量水平的评定，当总体量小于250时，应用GB/T 2828.11—2008，其程序与GB/T 2828.4—2008相同。

该抽样检验的一般程序有以下几步。

①确定核查总体和单位产品质量特性的要求：根据核查需要确定核查总体。对单位产品的技术、安全、卫生指标等需核查的质量特性需作出明确的规定。

②规定声称质量水平（DQL）和极限质量比（LQR）水平：由受检方自行申报声称质量水平或由负责部门根据核查需要规定DQL。当受检方自行申报DQL时，所申报的DQL应有正当的根据，不得故意夸大或低报；由负责部门根据核查需要规定声称质量水平时，若验收抽样时已规定了AQL值，则规定的DQL值应不小于该AQL值。

在GB/T 2828.4—2008中的表1中给出了四个LQR水平，LQR水平越高，所需的样本量越大，检验的功效越高；负责部门应根据所能承受的样本量和检验的功效两个因素规定LQR水平。

③检索抽样方案：应根据DQL和LQR水平从GB/T 2828.4—2008中的表1抽样方案主表中查取抽样方案。经负责部门指定或批准，对某一指定的DQL，可使用样本量较大的抽样方案来代替样本量较小的抽样方案。

④对核查结果的判定：若在样本中发现的不合格品数d小于或等于不合格品限定数L，即抽检合格时，可认定为通过核查。若在样本中发现的不合格品数d大于不合格品限定数L，即抽检不合格时，可认定为该核查总体不合格。

⑤复查：若受核查方对判定结果有异议可申请复查。复检抽样方案按GB/T 16306—2008执行。

（2）示例　政府食品管理部门决定对某类食品进行市场调查以便及时掌

握产品质量动态。假定前一年该类食品的抽样不合格率在1%左右，管理部门认为，如果此次调查的不合格率在0.65%以下，则此类食品质量状况好转。

管理部门决定使用GB/T 2828.4—2008中规定的抽样方案来做此次评价，并选取声称质量水平（DQL）为0.65（%），并希望在食品质量未有所好转的情况下，做出肯定评价的概率很小。因此选取了LQR水平Ⅲ。检索GB/T 2828.4—2008中的表1可知，应该选取样本量为200的样本中不超过3个不合格品的抽样方案。

如果随机抽取200个该类食品样品，发现了2个不合格。则基于这200个样品可做出未发现产品不合格率劣于0.65%的结论。GB/T 2828.4—2008中的表5表明，此方案当实际不合格率达到0.65%时，判为抽查不合格的风险为4.3%，而当实际不合格率达到5.09%时，判为抽查合格的风险为10%。

5. 微生物的二级和三级计数抽样检验

（1）一般原则 用于微生物评定的二级和三级计数抽样是相对简单的抽样检验程序，此程序不以批的质量水平来检索抽样方案，而是考虑微生物的类型及其危害性来选取抽样方案。此程序适用于当可获得的有关该批微生物含量的历史信息非常少的情形，如常规的检验、进出口检验以及一些面向使用方的场合。

（2）二级计数抽样 二级计数抽样方案由样本量n和单位产品所容许的最大微生物含量m确定。

二级计数抽样程序如下。

①设定样本量n和最多可允许的不合格品数c：n和c的设定应考虑微生物的类型以及危害的严重性，也可参见表1-4。预包装食品中致病菌检验的二级抽样方案见GB 29921—2013中的表1-4。

表1-4 生物二级和三级计数抽样方案分类（依据关注度和危害程度变化）

微生物种类	关注度	危害降低	危害不变	危害增加
嗜氧微生物、嗜冷菌、乳酸菌、酵母菌、霉菌（产毒素除外）、大肠菌群等	无直接的健康危害（货架期内腐败菌）	$n=5$，$c=3$	$n=5$，$c=2$	$n=5$，$c=1$

续表

微生物种类	关注度	危害降低	危害不变	危害增加
嗜氧微生物、嗜冷菌、乳酸菌、酵母菌、霉菌（产毒素除外）、大肠菌群等	低的非直接健康危害（指示菌）	$n=5$，$c=3$	$n=5$，$c=2$	$n=5$，$c=1$
	中等直接健康危害（有限扩散）	$n=5$，$c=2$	$n=5$，$c=1$	$n=10$，$c=1$
致病性大肠杆菌、沙门菌、志贺（杆）菌、单核细胞增生李斯特菌等	中等直接健康危害（有潜在广泛繁殖可能）	$n=5$，$c=0$	$n=10$，$c=0$	$n=20$，$c=0$
	严重的直接健康危害	$n=15$，$c=0$	$n=30$，$c=0$	$n=60$，$c=0$

②设定单位产品所允许的最大微生物含量 m：若任一单位产品的微生物含量超过 m 则被认为不合格。

③接收性的判定：不合格品数小于或等于 c，则接收该批；否则不接收。

（3）三级计数抽样 三级计数抽样方案，同时规定任意单位产品都不容许超过的最大微生物含量 M，以及一定程度上可以接收的微生物含量 m，即微生物含量介于 m 和 M 之间的为临界不合格品。

三级计数抽样程序如下。

①设定样本量 n 和最多可允许的不合格品数 c：n 和 c 的设定应考虑微生物的类型以及危害的严重性，可参见表1-4。预包装食品致病菌检验的三级抽样方案见GB 29921—2013中的表1-4。

②设定单位产品所允许的最大微生物含量 M 和可以接收的微生物含量 m：M 值的选取应该考虑产品可用性、一般的卫生指标、危害健康的程度等因素。

③判定：若临界不合格品数小于或等于 c，且没有任一样本产品的微生物含量大于 M，则接收该批；否则，若有任一样本产品的微生物含量大于 M 或临界不合格品数大于 c，则立即不接收该批。

（4）示例

示例1：二级计数抽样检验示例：鲜鱼中沙门菌的检验。

鲜鱼中的沙门菌被认为具有中等直接危害健康，有潜在扩散的可能，并且危害可能随着食用前加热处理即降低，参考表1-4，设定样本量（n）为5，样本中容许沙门菌含量超标（即检测到沙门菌）的单位产品数（c）为0，每单位产品所容许的最大沙门菌的含量（m）为0 CFU/25g。

样本检测结果如没有发现一个产品含有沙门菌则接收该批；否则不接收该批。

样本检测结果如有一个样本监测到沙门菌，即其沙门菌含量超过m，则不接收该批。

示例2：三级计数抽样检验示例：新鲜蔬菜中嗜氧微生物的检验。

考虑到新鲜蔬菜上的嗜氧微生物没有直接健康危害且危害程度不变，根据表1-4，设定样本中的单位产品数n为5，样本中最多允许嗜氧微生物含量介于m和M之间的单位产品数c为2。同时设定$m=1 \times 10^6$ CFU/g，$M=5 \times 10^7$ CFU/g。

如果样本中没有发现一个产品嗜氧微生物含量超过M且嗜氧微生物含量介于m和M之间的产品数不大于c，则接收该批。

样本检测结果为：$X_1=2 \times 10^7$，$X_2=2 \times 10^5$，$X_3=2 \times 10^7$，$X_4=3 \times 10^5$，$X_5=2 \times 10^6$，则样本中3个产品的嗜氧微生物含量全部介于m和M之间，此数大于c值2，故不接收该批。

二、计量抽样检验程序

1. 计量抽样检验概述

计量抽样检验包括连续批计量检验验收抽样和声称质量水平评定的计量抽样，前者应用GB/T 6378.1—2008，后者应用GB/T 6378.4—2008。计量抽样要求质量特性值服从正态分布，批的质量水平一般用质量特性的平均值表示。计量检验抽样分为s法和σ法。σ法适用总体（批）标准差已知的情况，s法适用总体（批）标准差未知需要从样本标准差估计的情况。

2. 计量连续批抽样检验

（1）一般程序　连续批计量抽样检验程序按接收质量限（AQL）检索，适用于分立产品的连续批的计量抽样检验。

（2）s法　对于总体（批）标准差未知需要从样本标准差估计的情形，

适用 s 法。

s 法检验程序如下。

①给定检验水平和接收质量限（AQL）：检验水平和接收质量限的给定与计数检验抽样中相同。

②检索样本量字码：根据给定的检验水平（通常为一般检验水平Ⅱ）和批量，从GB/T 6378.1—2008中的表A.1检索样本量字码。

③检索样本量 n 和接收常数 k：对于单侧规范限用字码和AQL从GB/T 6378.1—2008中的表B.1、表B.2或表B.3中查出样本量 n 和接收常数 k；对于联合双侧规范限，当样本量为5及以上时，在GB/T 6378.1—2008中的图表s–D到s–R之中查找合适的接收曲线。

④抽样并测试样本：随机抽取样本量为 n 的样本，测量每个样本产品的特性值 x，然后计算样本均值 $\bar{x}$，并且计算样本标准差 s。

⑤接收准则

单侧规范限的接收准则：计算质量统计量 $Q_U = \dfrac{U - \bar{x}}{s}$ 或 $Q_L = \dfrac{\bar{x} - L}{s}$，然后比较计算出的 Q_L 或 Q_U 与接收常数 k。

如果统计量大于或等于接收常数，则接收该批；否则，不接收该批。即：

如果仅规定了上规范限 U，当 $Q_U \geqslant k$ 时，则接收该批，当 $Q_U < k$ 时，则不接收该批；

如果仅规定了下规范限 L，当 $Q_L \geqslant k$ 时，则接收该批，当 $Q_L < k$ 时，则不接收该批。

双侧规范限的接收准则：双侧规范限情形下的程序同时规定了上下侧规范限，其采用超出上侧和下侧规范限的总的AQL。具体接收准则参见GB/T 6378.1—2008的相关内容。

（3）σ 法　总体（批）标准差已知的情形，适用 σ 法。

σ 法的检验程序如下。

①给定检验水平和接收质量限（AQL）：同 s 法。

②检索样本量字码：同 s 法。

③检索样本量 n 和接收常数 k：依据样本量字码、检验的严格度以及规定的AQL，从GB/T 6378.1—2008中的表C.1、表C.2或表C.3中查得相

应的样本量n和接收常数k。

④抽样并测试样本：随机抽取样本量为n的样本，测量每个样本产品的特性值x，然后计算样本均值$\bar{x}$。

⑤接收准则

单侧规范限的接收准则如下：

对于上规范限，如果$\bar{x} \leqslant \bar{x}_U [= U - k\sigma]$，则接收该批；如果$\bar{x} > \bar{x}_U [= U - k\sigma]$，则不接收该批；

对于下规范限，如果$\bar{x} \geqslant \bar{x}_L [= L + k\sigma]$，则接收该批；如果$\bar{x} < \bar{x}_L [= L + k\sigma]$，则不接收该批。

双侧规范限的接收准则：在食品规范中，较少采用双侧规范限，若有必要，参见GB/T 6378.1—2008的相关内容。

（4）不同检验严格度的转移　检验的严格度有正常、加严和放宽三种。除非负责部门另有指示，检验原则上有正常检验开始。在检验过程中若需要在不同严格度间进行转移，参见GB/T 6378.1—2008的相关部分。

（5）示例

①s法示例：某肉制品中淀粉含量最高规定为100g/kg，被检验产品的批量为100件。采用一般检验水平Ⅱ，AQL=2.5（％）的正常检验。从GB/T 6378.1—2008中的表A.1查得样本量字码为F，由GB/T 6378.1—2008中的表B.1查出所需样本量为13，接收常数k为1.405。假设测量值如下：53，57，49，58，59，54，58，56，50，50，55，54，57。

计算得到样本均值：$\bar{x} = \dfrac{1}{n} \sum\limits_{j=1}^{n} x_j = 54.6154$，样本标准差：

$s = \sqrt{\sum\limits_{j=1}^{n}(x_j - \bar{x})^2 / (n-1)} = 3.330$，规范限（上）：$U = 60$，$Q_U = \dfrac{U - \bar{x}}{s} = 1.617$。

接收准则：Q_U大于等于k（$Q_U \geqslant k$）（1.617>1.405），满足接收准则，故接收该批。

②σ法示例：某乳制品的最低蛋白质含量规定为4.00，交验批的批量为500包。采用一般检验水平Ⅱ，正常检验，AQL=1.5（％）。已知σ为0.21。由GB/T 6378.1—2008中的表A.1查得样本量字码为H。由GB/T 6378.1—2008中的表C.1查出对应于AQL值为1.5（％）的样本量n为

10，接收常数 k 为1.613。假设样本产品的屈服点如下：4.31，4.17，4.69，4.07，4.52，4.27，4.11，4.29，4.20，4.00，4.45。下规范限 L 为4.0，接收值 $\bar{x}_L = L + k\sigma$ 为4.34，而样本均值 $\bar{x} = \frac{1}{n}\sum_{j=1}^{n}x_j$ 为4.30。显然 $\bar{x} < \bar{x}_L$，批的样本均值不满足接收准则，故不接收该批。

3. 计量孤立抽样检验

对于计量孤立批抽样检验可采用GB/T 8054—2008的方法。

4. 声称质量水平评定的计量抽样检验

（1）一般程序 声称质量水平评定的计量检验抽样仅适用于质量核查，且被检验产品质量特性应服从或近似服从正态分布。

抽样检验的一般程序如下。

①确定核查总体和单位产品质量特性的要求：同声称质量水平评定的计数抽样检验的第一步。

②规定声称质量水平（DQL）和检验水平：根据核查需要规定声称质量水平，声称质量水平应与抽样检验方式相适应。GB/T 6378.4—2008中的表1~4均给出15个核查检验水平。表1和表2中核查检验水平对应 σ 法，表3和表4所对应 s 法。

③检索核查抽样方案：对于给定声称质量水平上限（DQL_U）或下限（DQL_L）的 σ 法，使用GB/T 6378.4—2008中的表1，由检验水平所在行直接读取样本量 n 和限定值 k。对于给定声称质量水平上限或下限的 σ 法，使用GB/T 6378.4—2008中的表2，先由核查检验水平所在行读取样本量 n；再由 $\frac{DQL_U - DQL_L}{\sigma/\sqrt{n}}$ 的值所在列与样本量 n 所在行的相交处，读取限定值 k。对于给定声称质量水平上限或下限的 s 法，使用GB/T 6378.4—2008中的表3，由检验水平所在行直接读取样本量 n 和限定值 k。对于给定声称质量水平上下限的 s 法，使用GB/T 6378.4—2008中的表4，先由核查检验水平所在行读取样本量 n；再根据以往经验或双方协商一个用于检索抽样方案的总体标准差的估计值 $\hat{\sigma}$，由 $\frac{DQL_U - DQL_L}{\hat{\sigma}/\sqrt{n-1.64}}$ 的值所在列与样本量所在行的相交处，读取限定值 k。

④批可接受性的判定

σ 法的判定：计算样本均值 $\bar{x}$，以及 $Q_U = \frac{DQL_U - \bar{x}}{\sigma}$，$Q_L = \frac{\bar{x} - DQL_L}{\sigma}$。

——给定声称质量水平的上限的 σ 法时：

若 $Q_U \leqslant k$，即抽检样本不符合要求，判核查总体不合格；

若 $Q_U > k$，即抽检样本符合要求，判核查通过。

——给定声称质量水平的下限的 σ 法时：

若 $Q_L \leqslant k$，即抽检样本不符合要求，判核查总体不合格；

若 $Q_L > k$，即抽检样本符合要求，判核查通过。

——给定双侧限的 σ 法时：

若 $Q_U \leqslant k$ 或 $Q_L \leqslant k$，即抽检样本不符合要求，判核查总体不合格；

若 $Q_U > k$ 且 $Q_L > k$，即抽检样本符合要求，判核查总体合格。

s 法的判定：判定规则与以上 σ 法的判定下所列三种情形类似，只需把 σ 替换成 s 即可。

⑤复查：同声称质量水平评定的计数抽样检验的第五步。

（2）示例　食品厂生产的食品中总固体指标总体均值的声称质量水平 $\mathrm{DQL}_L = 45\%$，核查检验水平为 XⅢ。已知总体标准差 $\sigma = 4\%$，试确定核查抽样方案。

查 GB/T 6378.4—2008 中的表 1，由核查检验水平 XⅢ 所在行查得：$[n, k] = [14, -0.440]$。从总体中随机抽取 14 个单位产品，检测后计算样本均值 $\bar{x}$ 和下质量统计量：

$$Q_L = \frac{\bar{x} - \mathrm{DQL}_L}{\sigma} = \frac{\bar{x} - 45}{4}$$

判定规则为：若 $Q_L \leqslant -0.440$，即抽检样本不符合要求，则判核查总体不合格；若 $Q_L > -0.440$，即抽检样本符合要求，则判核查通过。

三、散装验收抽样检验程序

1. 散料验收抽样概述

散料是指其组成部分在宏观上难以区分的材料。在食品质量抽检中，粮食、原糖等都属于散料的范畴。GB/T 22555—2010 给出了散料验收抽样检验的程序和抽样方案。

本程序适用于以单一质量特性的批平均值为主要考察指标的验收检

验，并分别给出了标准差已知和标准差不确知情形下的验收检验策略。

具体检验程序如下：

①设定规范限与接收（不接收）质量限；

②评估标准差；

③确定样本量；

④抽取和制备样本；

⑤标准差重估；

⑥确定接收值；

⑦判定批是否接收。

2. 散料验收抽样步骤与样本制备

（1）抽样步骤　一般步骤包括：

①抽取份样；

②合成集样；

③制备试样；

④测量。

图1-2是上述步骤的示意图。为使图1-2简洁，图中所画出的未使用的试样数及测试份量数可能分别比实际情况少很多。图中每一步抽样均应使用代表性抽样。建议参考ISO 11648-1：2003以确定合理的抽样程序。

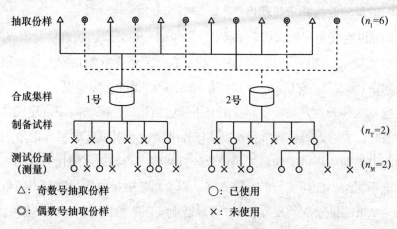

图1-2　散料样本抽取与制备程序

（2）抽取份样　从批中抽取 $2n_1$ 个份样（见图1-2）。建议尽量采用动态抽样，然而，对静态批也允许使用静态抽样。同时建议采用合适的抽样器。当散料中含有大块时，单个份样的体积应足够大，以便获得具有代表性的样本。

（3）合成集样　把每 n_1 个份样混合在一起，形成两个集样（见图1-2）。以两个集样为例，每个集样都代表整个批。这一要求可以通过采用系统抽样实现。具体操作如下：

将 $2n_1$ 个份样顺序编号，把奇数编号（1，3，…，$2n_1-1$）的份样混合成集样1，把偶数编号（2，4，…，$2n_1$）的份样混合成集样2。

（4）制备试样　从每个集样中制备 n_T 个试样（见图1-2）。应结合所要检验散料的性能，预先建立试样制备程序。

（5）测试　分别从每个试样中抽取 n_M 个测试份量并进行测量，每批可得到 $2n_T n_M$ 个测量值。

（6）抽样费用　每批的总费用 C 是由单位份样抽取费用与份样总数的乘积、单位试样制备费用与试样总数的乘积及单次测量费用与测量总次数的乘积之和构成，计算公式如下：

$$C = C_1 + C_T + C_M = 2n_1 c_1 + 2n_T c_T + 2n_T n_M c_M$$

式中：c_1、c_T 和 c_M 分别代表抽取单个份样的费用、制备单个试样的费用和单次测量的费用，用于获取经济的抽样方案。

3. 散料验收抽样一般程序

（1）设定规范限和接收（不接收）质量限　规范限、接收质量限 m_A 和不接收质量限 m_R 由双方协商规定。建议在规定不接收质量限与规范限之间的间距（$m_{R,L}-L_{SL}$ 或 $U_{SL}-m_{R,U}$）时应考虑已接收批的实际情况。

鉴别区间长度 D 是接收质量限与不接收质量限之间的间距。建议在确定 D 值时，要考虑份样标准差 σ_1、试样标准差 σ_T 和测量标准差 σ_M 的值。这个间距可根据所提供的物料的质量限进行调整。若鉴别区间长度太小，则本标准不能给出任何可行的抽样方案，需重新考虑接收质量限与不接收质量限。如果质量限是令人满意的，可以增加鉴别区间长度，以减少费用。

当双侧规范限 L_{SL} 和 U_{SL} 已规定时，两个鉴别区间长度 $m_{A,L}-m_{R,L}$ 和 $m_{R,U}-m_{A,U}$ 将会相等，且上下接收质量限之间的间隔 Δ 应大于或等于极限间隔 $\delta\times D$，即 $\Delta=m_{A,U}-m_{A,L}\geqslant\delta\times D$。

当标准差已知时，标准程序中 δ 取 0.636，备选程序中 δ 取 0.566。

当标准差未确知时，δ 的值可以在表 1-5 中通过 v_E 检索查得。v_E 的值将与样本量一同检索给出。在开始阶段，可以暂时假定 $v_E=8$，$\delta=0.566$。

表1-5　双侧规范限情形下的 δ 值（标准差未确知）

v_E	δ
3.0~3.9	0.959
4.0~4.9	0.768
5.0~5.9	0.670
6.0~6.9	0.617
7.0~7.9	0.582
$\geqslant 8.0$	0.566

注：δ 的值用于判断双侧规范限的适用性。

（2）标准差评估　在标准差未确知的情形下，标准差 σ_I、σ_P 和 σ_M 的值应该参照近期可用的相关数据进行设定，且所使用的标准差的值应得到生产方与使用方的共同认可。

份样间方差分量 σ_I^2 可由下式求出：

$$\sigma_I^2 = n_I\left(\sigma_C^2 - \frac{\sigma_T^2}{n_T}\right)$$

若用上式计算的 $\sigma_I^2<0$，则取 $\sigma_I^2=0$。

试样间方差分量 σ_P^2 可由下式求出：

$$\sigma_P^2 = \sigma_T^2 - \frac{\sigma_M^2}{n_M}(n_M>1)$$

若用上式计算的 $\sigma_P^2<0$，则取 $\sigma_P^2=0$。

若 $n_M=1$，则无法对 σ_P^2 与 σ_M^2 进行分离。

（3）样本量的确定与检索

①试样测量次数 n_M 的确定

标准差已知的情形：当标准差已知时，计算一个过渡值 b，其公式如下：

$$b = \frac{\sigma_M}{\sigma_P} \sqrt{\frac{c_T}{c_M}}$$

n_M 是将 b 按下面的规则取整得到：

若 $b<1.5$，则 $n_M=1$；

若 $1.5 \leqslant b<2.5$，则 $n_M=2$；

若 $b \geqslant 2.5$，则 $n_M=3$。

标准差未确知的情形：当标准差未确知时，每个试样测量次数 n_M 应由下列规则确定：

如果 $\frac{\sigma_M}{\sigma_P}<0.5$，则 $n_M=1$；

如果 $\frac{\sigma_M}{\sigma_P} \geqslant 0.5$，则 $n_M=2$。

注：在上述规则中假定费用因素可忽略不计。

② n_I 和 n_T 的确定

相对标准差 d_I 和 d_T：$d_I = \frac{\sigma_I}{D}$，$d_T = \frac{\sigma_T}{D}$；

处理单个试样的费用 c_{TM} 可由下式计算：$c_{TM}=c_T+n_M c_M$；

费用比率 R_C 可由下式得出：$R_C = \frac{c_{TM}}{c_I}$

费用比率水平应根据下列准则选取：

水平 1：若 $R_C<<1$（即 0~0.17），则取 $R_C=0.10$；

水平 2：若 $R_C<1$（即 0.18~0.56），则取 $R_C=0.32$；

水平 3：若 $R_C \approx 1$（即 0.57~1.79），则取 $R_C=1.0$；

水平 4：若 $R_C>1$（即 1.80~5.69），则取 $R_C=3.2$；

水平 5：若 $R_C>>1$（即 5.7 以上），则取 $R_C=10.0$。

GB/T 22555—2010 中的表 3~7 给出了不同费用比率水平下的检索表，根据不同的费用比率水平选择相应的表，然后再由相对标准差 d_I 和 d_T 检索出每

个集样的份样数 n_1 及试样数 n_T 的值。这些值均可通过费用比率水平进行检索。

GB/T 22555—2010 的表 8～12 给出了使用方风险水平 β 为 5% 时可选择程序对应的 n_1 和 n_T 值。表 13～22 对标准差未确知且使用方风险水平 β 为 5% 的情形，分别给出了 $n_M=1$ 和 $n_M=2$ 时 n_1 和 n_T 的值。其检索方法与上面相同。

（4）标准差重估 考虑到标准差可能存在的不稳定性，其值应在所使用的标准差的基础上根据紧接着的 G 批结果进行重估。除非另有规定，一般 G 取为 10。建议在以后的序列批中每增加 5 批后对标准差进行一次重估。

若对所有批样本量均相同，标准差 σ_C 和 σ_T 就应根据标准差（样本值 s_C）和（样本值 s_T）进行估计。计算公式如下：

$$\sigma_C = \sqrt{\frac{\sum\limits_{i=1}^{G} s_{C,i}^2}{G}} , \quad \sigma_T = \sqrt{\frac{\sum\limits_{i=1}^{G} s_{T,i}^2}{G}} ;$$

若 $n_M > 1$，则测量值标准差 σ_M 可类似估计如下：

$$\sigma_M = \sqrt{\frac{\sum\limits_{i=1}^{G} s_{M,i}^2}{G}} 。$$

其中，集样标准差 s_C：$s_C = \sqrt{\dfrac{(\overline{x}_{1..} - \overline{x}_{2..})^2}{2}}$ ；试样标准差 s_T：$s_C =$

$\sqrt{\dfrac{1}{v_T} \sum\limits_{i=1}^{2} \sum\limits_{j=1}^{n_T} (\overline{x}_{ij.} - \overline{x}_{i..})^2}$ ，其中 $v_T = 2(n_T - 1)$（若 $n_T = 2$，则 $s_T = \sqrt{\dfrac{1}{2} \sum\limits_{i=1}^{2} \dfrac{(\overline{x}_{i1.} - \overline{x}_{i2.})^2}{2}}$ ）；

若 $n_M > 1$，类似地可得到测量标准差 s_M：$s_M = \sqrt{\dfrac{1}{v_M} \sum\limits_{i=1}^{2} \sum\limits_{j=1}^{n_T} \sum\limits_{k=1}^{n_M} (x_{ijk} - \overline{x}_{ij.})^2}$ ，其中 $v_M = 2n_T(n_M - 1)$，x_{ijk} 是第 i 个集样中第 j 个试样的第 k 个测量值（如果 $n_M = 2$，

则 $s_M = \sqrt{\dfrac{1}{v_M} \sum\limits_{i=1}^{2} \sum\limits_{j=1}^{n_T} \dfrac{(x_{ij1} - x_{ij2})^2}{2}}$ ，其中 $v_M = 2n_T$ ）。

得到重构后的标准差，在下面批的检验中用重估后的标准差确定和检索样本量，如此反复。

（5）批接收性判定

①接收值计算

单侧规范限情形有如下两种。

当给定了下规范限L_{SL}时，使用下式来确定下接收值：

$$\overline{x}_L = m_A - \gamma \times D = m_A - 0.562 \times D$$

当给定了上规范限U_{SL}时，使用下式来确定上接收值：

$$\overline{x}_U = m_A + \gamma \times D = m_A + 0.562 \times D$$

双侧规范限情形：

当给定了双侧规范限L_{SL}和U_{SL}时，使用下列等式来确定下、上接收值：

$$\overline{x}_L = m_{A,L} - \gamma \times D = m_{A,L} - 0.562 \times D$$

$$\overline{x}_U = m_{A,U} - \gamma \times D = m_{A,U} + 0.562 \times D$$

风险值为5%情形下的可供选择程序以及标准差未确知情形下的程序：

设定γ和δ的值如下：

$$\gamma = 0.500, \quad \delta = 0.566$$

设定下接收值和（或）上接收值如下：

$$\overline{x}_L = 0.5(m_{A,L} + m_{R,L})$$

$$\overline{x}_U = 0.5(m_{A,U} + m_{R,U})$$

②样本平均值计算

试样平均值：根据n_M个测量值得到$2n_T$个试样平均值$\overline{x}_{ij.}$：

$$\overline{x}_{ij.} = \frac{1}{n_M} \sum_{k=1}^{n_M} x_{ijk}。$$

集样平均值：根据每n_T个试样平均值得到1个集样平均值，共计得到两个集样平均值：

$$\overline{x}_{i..} = \frac{1}{n_T} \sum_{j=1}^{n_T} \overline{x}_{ij.}。$$

样本总平均值：根据两个集样平均值就得到样本总平均值数：

$$\overline{x}_{...} = \frac{1}{2} \sum_{i=1}^{2} \overline{x}_{i..}。$$

③批接收性判定准则

当给定了单侧下规范限L_{SL}时：

若$\overline{x}_{...} \geq \overline{x}_L$，则接收该批；若$\overline{x}_{...} < \overline{x}_L$，则不接收该批。

当给定了单侧上规范限 U_{SL} 时:

若 $\bar{x}... \leqslant \bar{x}_U$,则接收该批;若 $\bar{x}... > \bar{x}_U$,则不接收该批。

当给定了双侧规范限 L_{SL} 和 U_{SL} 时:

若 $\bar{x}_L \leqslant \bar{x}... \leqslant \bar{x}_U$,则接收该批;若 $\bar{x}... < \bar{x}_L$ 或 $\bar{x}... > \bar{x}_U$,则不接收该批。

（6）示例

①具有单侧规范限且标准差未确知情形:一种细小颗粒的食品将定期作为包装散料交付。用于检验批接收性的特性是一种物理特性。制定一个经济可行的抽样方案,以保证批平均质量的准确推断。

设定规范限和接收（不接收）质量限:规定批平均值的下规范限为 $L_{SL}=90$,给定质量限为: $m_A=96.0$, $m_R=92.0$,则鉴别区间长度 D 为4。并得到下接收值 $\bar{x}_L$: $\bar{x}_L=96.0-0.562 \times 4=93.752$ 。

标准差评估:由于标准差未确知,故根据以往的试验结果,各不同阶段的标准差值可假定为: $\sigma_I=4.4$, $\sigma_P=1.0$, $\sigma_M=3.0$ 。各阶段单个费用如下: $c_I=25$, $c_T=20$, $c_M=60$ 。

确定每个试样的测量数 n_M : $\sigma_M / \sigma_P=3.0/1.0=3 \longrightarrow n_M=2$ 。

检索样本量 n_I 和 n_T :

试样标准差 σ_T : $\sigma_T = \sqrt{\sigma_P^2 + \dfrac{\sigma_M^2}{n_M}} = \sqrt{1.0^2 + \dfrac{3.0^2}{2}} = \sqrt{5.5} = 2.35$;处理单个试样的费用 c_{TM} : $c_{TM}=c_T+n_M c_M=20+2 \times 60=140$;则费用比率: $R_C=c_{TM} / c_I = 140/25=5.60$;且份样相对标准差 d_I : $d_I=\sigma_I/D=4.40/4.0=1.10$;试样相对标准差 d_T : $d_T=\sigma_T/D=2.35/4.0=0.588$;则取水平4, $R_C=3.2$,选定表21（ $n_M=2$,费用比率水平为4）,根据 $d_I=1.10 \longrightarrow 1.00$; $d_T=0.588 \longrightarrow 0.630$ 检索得到 $n_I=12$, $n_T=5$ 。

然后取样并测试,并根据批接收性判定部分的相应的判定准则进行判定。

②具有单侧规范限且标准差已确知情形:与具有单侧规范限且标准差未确知情形不同点仅在于各阶段标准差是稳定且已知外,其标准差依然为: $\sigma_I=4.4$, $\sigma_P=1.0$, $\sigma_M=3.0$ 。

设定规范限和接收（不接收）质量限:规定批平均值的下规范限为 $L_{SL}=90$,给定质量限为: $m_A=96.0$, $m_R=92.0$,则鉴别区间长度 D 为4。并

得到下接收值 $\bar{x}_L$ ： $\bar{x}_L=96.0-0.562\times4=93.752$。

标准差评估：标准差已知且为 $\sigma_I=4.4$ ， $\sigma_P=1.0$ ， $\sigma_M=3.0$ 。各阶段单位费用如下： $c_I=25$ ， $c_T=20$ ， $c_M=60$ 。

确定每个试样的测量数 n_M ： $b=\dfrac{\sigma_M}{\sigma_P}\sqrt{\dfrac{c_T}{c_M}}=\dfrac{3.0}{1.0}\sqrt{\dfrac{20}{60}}=1.73\to n_M=2$ 。

检索样本量 n_I 和 n_T ：选定GB/T 22555—2010中的表11（费用比率水平为4），根据 $d_I=1.10\to1.00$ ； $d_T=0.588\to0.630$ 检索GB/T 22555—2010中的表11查得 $n_I=12$ ， $n_T=4$ 。

然后取样并测试，并根据批接收性判定部分的相应的判定准则进行判定。

第六节　抽样方法

一、简单随机抽样

简单随机抽样也称纯随机抽样。对于大小为 N 的总体，抽取样本量为 n 的样本，若全部可能的样本被抽中的概率都相等，则称这样的抽样为简单随机抽样。

二、分层抽样

在抽样之前，先将总体 N 个单位划分成 L 个互不重复的子总体，每个子总体称为层，它们的大小分别为 N_1 ， N_2 ，…， N_L ，这 L 层构成整个总体（ $N=\sum\limits_{k=1}^{L}N_k$ ）。然后，在每个层中分别独立地进行抽样，这种抽样就是分层抽样，所得到的样本层为分层样本。如果每层都是简单随机抽样，则称为分层随机抽样，所得的样本称为分层随机样本。一般所说的分层抽样都是分层随机抽样。

三、整群抽样

抽样调查的总体是由调查单位组成的。把调查单位的有限集合称抽样单位。为了抽样方便，有时还划分成不同级别的抽样单位，每个高级别的抽样单位都是低级别抽样单位的集合。在抽样单位存在多个级别情形，现在只考虑存在两个级别抽样单位的情形，此时一级抽样单位也称为初级抽样单位，二级抽样单位也称为次级抽样单位。设总体由 A 个初级抽样单位组成，在总体中按某种方法抽取 a 个初级抽样单位，如果对被抽中初级抽样单位的次级单元不再进行抽样观测而是全部进行调查，则称此抽样方式为整群抽样，初级抽样单位称为群。

四、系统抽样

前述的各种抽样方法都存在一个较大的不足：即对于大规模的抽样调查来讲，要逐个随机地抽取数目众多的样本点，是一件比较烦琐的事情。在实际情况中，有时还会出现一些很难处理的情况。如在一个连续的生产线上进行产品质量抽样检查，就不可能逐个地抽取样本点。为了解决这一问题，人们就设计出一种只在开始的时候先抽取一个随机数，得到一个样本点，然后按照某种规律，顺次得到整个样本的一种抽样组织方式。这种抽样组织方式就称为系统随机抽样法，简称为系统抽样。

五、多阶段抽样

什么是多阶段抽样？可以从以下角度考虑：假设总体中的每个单位——初级单位本身就很大，可以先在总体各单位（初级单位）中抽取样本单位，在抽中的初级单位中再抽取若干个第二级单位，在抽中的第二级单位中再抽取若干个第三级单位……直至从最后一级单位中抽取所要调查的基本单位的抽样组织形式，这就叫做多阶段抽样。

第二章 水果与蔬菜

第一节 产品分类

一、水果的分类

水果的定义，一般指多汁且主要味觉为甜味和酸味，可食用的植物果实。

在一般情况下，水果主要分为以下几类。

1. 浆果和其他小型水果类

草莓、蓝莓、黑莓、桑葚、覆盆子、葡萄、黑加仑等。

2. 柑橘类

蜜橘、砂糖橘、金橘、蜜柑、甜橙、脐橙、西柚、柚子、葡萄柚、柠檬、文旦、青柠等。

3. 核果类

桃（油桃、蟠桃、水蜜桃、黄桃），李子，樱桃，杏，杨梅，西梅，乌梅，大枣，沙枣，海枣，蜜枣，橄榄，荔枝，龙眼（桂圆）等。

4. 仁果类

苹果（红富士、红星、国光、秦冠、黄元帅），梨（砂糖梨、黄金梨）等。

5. 瓜果类

西瓜、美人瓜、香瓜、黄河蜜、银瓜、哈密瓜、木瓜、乳瓜等。

6. 其他类（热带及亚热带水果类）

菠萝、芒果、椰子、猕猴桃、番石榴、榴莲、香蕉、甘蔗、石榴、拐枣等。

二、蔬菜的分类

蔬菜是指可以做菜、烹饪成为食品的一类植物或菌类，蔬菜是人们日常饮食中必不可少的食物之一。蔬菜可提供人体所必需的多种维生素和矿物质等营养物质。

按照SB/T 10029—2012《新鲜蔬菜分类与代码》，主要分为以下几大类。

1. 绿叶菜类蔬菜

菠菜、芹菜、花叶生菜等以及其他绿叶蔬菜。

2. 白菜类蔬菜

大白菜、小白菜等、油菜等以及其他白菜类蔬菜。

3. 根菜类蔬菜

萝卜、青萝卜、胡萝卜等以及其他根菜类蔬菜。

4. 豆类蔬菜

菜豆、刀豆、豌豆、蚕豆、白芸豆等以及其他豆类蔬菜。

5. 瓜类蔬菜

黄瓜、冬瓜、南瓜等以及其他瓜类蔬菜。

6. 葱蒜类蔬菜

韭菜、韭黄、洋葱、大葱等以及其他葱蒜类蔬菜。

7. 茄果类蔬菜

番茄、圆茄子、辣椒、酸浆等以及其他茄果类蔬菜。

8. 薯芋类蔬菜

马铃薯、甘薯、木薯、山药、香芋等以及其他薯芋类蔬菜。

9. 多年生蔬菜

竹笋、鲜百合、芦笋、食用菊等以及其他多年生蔬菜。

10. 水生蔬菜

莲藕、豆瓣菜、莼菜、水芹等以及其他水生蔬菜。

11. 芽菜类蔬菜

绿豆芽、黄豆芽、姜芽等以及其他芽菜类蔬菜。

12. 野生蔬菜类

野蕨菜、野生木耳、马齿苋、马兰等以及其他类野生蔬菜。

13. 食用菌类蔬菜

双孢菇、滑菇、香菇、平菇等以及其他食用菌类蔬菜。

14. 其他类

甜玉米、黏玉米等。

第二节　样品的采集

一、产地的样本采集

（一）样本采集

按照产地面积和地形不同，采用随机法、对角线法、五点法、Z形法、S形法、棋盘式法等进行多点采样。产地面积小于1hm²时，按照NY/T 398—2000《农、畜、水产品污染监测技术规范》规定划分采样单元；产地面积大于1hm²小于10hm²时，以1～3hm²作为采样单元；产地面积大于10hm²时，以3～5hm²作为采样单元。每个采样单元内采集一个代表性样本。不应采有病、过小的样本。采果树样本时，需在植株各部位（上、下、内、外、向阳和被阴面）采样。

（二）样本预处理及采样量

1. 块根类和块茎类蔬菜

采集块根或块茎，用毛刷和干布去除泥土及其他黏附物。样本采样量至少为6～12个个体，且不少于3kg。代表种类有：马铃薯、萝卜、胡萝卜、芜菁、甘薯、山药、甜菜、块根芹。

2. 鳞茎类蔬菜

韭菜和大葱：去除泥土、根或其他附着物；鳞茎、干洋葱头和大蒜：去除根部和老皮。样本采集至少为12～24个个体，且不少于3kg。

3. 叶类蔬菜

去掉明显腐烂的萎蔫部分的茎叶。菜花和花椰菜分析花序和茎。采集样本量至少为4～8个个体，不少于3kg。代表种类：菠菜、甘蓝、大白菜、莴苣、甜菜叶、花椰菜、萝卜叶、菊苣。

4. 茎菜类蔬菜

去掉明显腐烂的萎蔫部分的可食茎、嫩芽。大黄：只取颈部。采样样本量至少为12个个体，且不少于2kg。代表种类有：芹菜、朝鲜蓟、菊苣、大黄等。

5. 豆菜类蔬菜

取豆类或籽类，采样样本量鲜豆（荚）不少于2kg，干样不少于1kg。代表种类有：蚕豆、菜豆、大豆、绿豆、豌豆、芸豆、利马豆。

6. 果菜类（果皮可食）

除去果梗后整个果实，采集样本量6～12个个体，不少于3kg。代表种类有：黄瓜、胡椒、茄子、西葫芦、番茄、黄秋葵。

7. 果菜类（果皮不可食）

除去果梗后整个果实，测定时果皮与果肉分别测定。采集样本量4～6个个体，代表种类：南瓜、冬瓜。

8. 食用菌类蔬菜

取整个子实体，至少12个个体，不少于1kg。代表种类有：香菇、草菇、口蘑、双孢蘑菇、大肥菇、木耳等。

9. 柑橘类水果

取整个果实，果皮和果肉分别测定。至少6～12个个体，不少于3kg。代表种类有：橘子、柚子、橙子等。

10. 梨果类水果

取整个果实，去不可食部分，带皮果肉共测。至少12个个体，不少于3kg。代表种类有：苹果、梨等。

11. 核果类水果

取整个果实，除去不可食部分。至少24个个体，不少于2kg。代表种类有：杏、油桃等。

12. 小水果和浆果

取整个水果，去掉不可食部分，样本采集量不少于3kg。代表种类有：葡萄、草莓、黑莓、醋栗、覆盆子等。

13. 果皮可食类水果

取整个果实，去掉不可食部分。样本采集量不少于1kg。代表种类有：枣、橄榄等。

14. 果皮不可食类水果（其他类）

取整个果实，去掉不可食部分。样本采集量为4～12个个体，不少于3kg。代表种类有：鳄梨、芒果、香蕉、番石榴等。

二、市场的样本采集

（一）散装样品

对于散装成堆样品，应视堆高不同从上、中、下分层采样，必要时增加层数，每层采样时从中心及四周五点随机采样。抽检样本的采样量按照NY/T 2103—2011《蔬菜抽样技术规范》规定进行。样本预处理方法按照上一节中"（二）样本预处理及采样量"进行。

（二）包装产品

对于包装产品，抽检样本的采样量按照NY/T 2103—2011规定进行随机采样。采样时按堆垛采样或甩箱采样，即在堆垛两侧的不同部位上、中、下或四角中取出相应数量的样本，如因地点狭窄，按堆垛采样有困难时，可在成堆过程中每隔若干箱甩一箱，取出所需样本。样本预处理方法按照上一节中"（二）样本预处理及采样量"进行。

（三）食用菌

样本采样参照GB/T 12530—1990《食用菌取样方法》（该方法已废止，但目前无其他替代方法，这里的采样方法仅参照其中一部分）。样本预处理方法按照上一节中"（二）样本预处理及采样量"进行。

第三节　样品的缩分及贮存

一、样本的缩分

小体积蔬菜和水果，均匀混合后，按照四分法缩分，用组织捣碎机或匀浆器处理后取250～500g保存待测。

大体积蔬菜和水果切碎后，按照四分法缩分，用组织捣碎机或匀浆器处理后取600～800g保存待测。

二、样品的贮存

1.对含性质不稳定的农药残留样本，应立即进行测定。

2.容易腐烂变质的样本，应马上捣碎处理，在低于–20℃条件下冷冻保存。

3.短期贮存小于7d的样本，应按原状在1～5℃条件下保存。

4.贮藏较长时间时，应在低于–20℃条件下冷冻保存。解冻后应立即分析。取冷冻样本进行检测时，应不使水、冰晶与样本分离，分离严重时应重新均浆。

5.检测样本应留备样并保存至约定时间，以供复检。

第四节　样品的检验

一、乙烯利的检验

1.参考方法

NY/T 1016—2006《水果蔬菜中乙烯利残留量的测定　气相色谱法》。

2.适用范围

本方法规定了水果和蔬菜中乙烯利残留量的测定方法。

本方法适用于水果、蔬菜中乙烯利残留量的分析。

本方法的检出限为0.01mg/kg。

3.实验原理

用甲醇提取样品中乙烯利，经重氮甲烷衍生成二甲基乙烯利，用带火焰光度检测器磷滤光片的气相色谱仪测定，外标法定量。

4.试剂

除非另有说明，分析中仅使用确认为分析纯的试剂和蒸馏水或去离子水或相当纯度的水。

（1）氢氧化钾。

（2）盐酸。

（3）甲醇。

（4）无水乙醚。

（5）甲醇-盐酸溶液：（$CH_2OH+HCl$）= 90+10。

（6）乙烯利标准品：已知含量。

（7）乙烯利标准溶液：准确称取适量的乙烯利标准品，用甲醇配制成质量浓度为 1.00mg/mL 的标准储备液。根据需要再用甲醇稀释标准储备液以制备适当浓度的标准工作液，配制过程需用聚乙烯器皿。

（8）重氮甲烷溶液

2-亚硝基-2-甲基脲的制备：在 250mL 烧瓶中，加入 13.5g 盐酸甲胺，然后再加入 67g 水，再加入 40.2g 脲，缓慢回流 2h 45min，然后激烈回流 15min，冷却至室温，加入 20.2g 亚硝酸钠，整个溶液冷却至 0℃，在 1L 烧杯中加入 80g 冰，并在冰盐浴中冷却，然后加入 13.3g 浓硫酸，边搅拌边加入刚制的甲基脲-亚硝酸盐，使其温度不超过 0℃，大约 1h 加完。亚硝基甲基脲成结晶状泡沫漂浮在上面，立即用吸滤法过滤并很好地压干，再用少量冰水洗涤，所得结晶放入真空干燥器中干燥，温度不超过 4℃。

重氮甲烷的制备：在 500mL 圆底烧瓶中放置 60mL 30% 氢氧化钾水溶液和 200mL 乙醚，将混合物冷却至 0℃，然后一边摇动，一边加入 20.6g 2-亚硝基-2-甲基脲，在烧瓶上装上冷凝管，以便进行蒸馏。冷凝管下端连一个接收管，通过一个双孔橡皮塞浸入盛在 250mL 锥形瓶中的 40mL 乙醚液面下，锥形瓶则放在冰-盐浴中冷却，放出来的气体通过同样冷却至 0℃ 以下的第二份 40mL 乙醚中，将反应烧瓶在 50℃ 的水浴上，使其达到乙醚的沸点，并不时摇动，蒸出的乙醚直到馏出物变成无色为止，通常蒸出 2/3 的乙醚以后馏出物就变成无色。在任何情况下不能将乙醚蒸干，合并接收器中的乙醚溶液，其中含有 5.3~5.9g 重氮甲烷。

5. 仪器

（1）气相色谱仪并配有火焰光度检测器。

（2）超声波清洗器。

（3）组织捣碎机。

（4）氮气吹干仪。

6. 分析步骤

（1）试样制备　用四分法取代表性可食部分切碎、混匀，用组织捣碎机制成匀浆备用。样品应在冷藏条件下保存。

（2）提取　称取试样10g（准确至0.01g）于聚乙烯烧杯中，加入0.5mL甲醇-盐酸溶液和50mL甲醇，超声振荡提取5min，过滤于100mL的聚乙烯容量瓶中。残渣再用30mL甲醇提取一次，合并提取液于聚乙烯容量瓶中，定容至100mL。

（3）衍生化　吸取10.0mL上述定容溶液，放入15mL聚乙烯刻度离心管中，在干燥氮气流下于30~35℃水浴上浓缩至约1.5mL，加0.5mL甲醇-盐酸溶液和8mL无水乙醚，充分混合，放置10min。将上清液移入另一聚乙烯刻度离心管中，残留液用1mL无水乙醚萃取2次，萃取液并入上述清液中，于30~35℃水浴上浓缩至约1mL。在通风柜内，向浓缩液里滴加重氮甲烷溶液，直至黄色不褪为止。盖严塞子，放置15min，在氮气流下在30~35℃水浴上浓缩至约1.00mL，用乙醚稀释到2.00mL，供气相色谱测定。

（4）标准溶液的衍生化　取适量的乙烯利标准工作液（用甲醇定容至10.0mL），按照样品的上述提取和衍生化步骤进行操作。

（5）气相色谱参考条件　色谱柱：FFAP（30m×0.32mm，0.25μm）弹性石英毛细管柱或相当极性的色谱柱。

气体流量：载气：氮气，流量2.5mL/min，纯度≥99.999%；燃气：氢气，流量85mL/min，纯度≥99.999%；助燃气：空气，流量110mL/min。

进样口温度：240℃；色谱柱温度：120℃（1min）40℃/min、230℃（2min）；检测器：检测器温度150℃；火焰光度检测器（磷滤光片）。

进样量：1.0μL。

（6）色谱分析　分别吸取标准样品和待测样品衍生化后的溶液各1.00μL，分别注入色谱仪中，通过待测样品与标准样品衍生化物的峰面积比较，用外标法定量。

（7）空白试验　除不加待测样品外，均按上述步骤"提取"和"衍生化"进行操作。

7.结果计算

用色谱数据处理机或按下式计算样品中乙烯利的残留量（计算结果保留至小数点后两位）。

$$X=\frac{A\times \rho \times V_1 \times V_2 \times 1000}{A_0 \times m \times V \times 1000}$$

式中　　X ——样品中乙烯利残留量，单位为毫克每千克（mg/kg）；

　　　　A ——样品溶液中二甲基乙烯利的色谱峰面积，单位为毫伏分钟（mV·min）；

　　　　A_0——标准溶液中二甲基乙烯利的色谱峰面积，单位为毫伏分钟（mV·min）；

　　　　ρ ——标准溶液中乙烯利的质量浓度，单位为微克每毫升（μg/mL）；

　　　　V ——提取液定容体积，单位为毫升（mL）；

　　　　V_1——分取体积，单位为毫升（mL）；

　　　　V_2——上机液定容体积，单位为毫升（mL）；

　　　　m ——称取样品的质量，单位为克（g）。

8.精密度

在重复性条件下获得的两次独立测定结果的绝对差值不得超过算术平均值的20%。

二、豆芽中促生长剂的检验

1.参考方法

DBS 22/002—2012《豆芽中6–苄氨基嘌呤的测定　高效液相色谱法》。

2.适用范围

本方法规定了豆芽中6–苄氨基嘌呤（6–苄基腺嘌呤）测定的高效液相色谱方法。

本方法适用于豆芽中6–苄氨基嘌呤的含量测定。

本方法方法检出限为0.02mg/kg。

3.实验原理

试样中的6–苄氨基嘌呤经酸化乙腈–水溶液超声提取后，高效液相色谱法测定，以保留时间定性，外标法定量。

4. 试剂和材料

除另有说明外，所有试剂均为分析纯，实验用水为GB/T 6682—2008《分析实验室用水规格和试验方法》规定的一级水。

（1）乙腈：色谱纯。

（2）甲醇：色谱纯。

（3）冰醋酸。

（4）6-苄氨基嘌呤：含量≥97%。

（5）乙腈-水溶液：量取60mL乙腈，加入40mL水中，混匀。

（6）样品提取液：每100mL乙腈-水溶液中加入冰醋酸50μL。

（7）6-苄氨基嘌呤标准储备液（1.0mg/mL）：准确称取0.0500g 6-苄氨基嘌呤标准品，用甲醇溶解并定容于50.0mL容量瓶中，4℃条件下保存，有效期2个月。

（8）6-苄氨基嘌呤标准工作液：准确吸取5.0mL 6-苄氨基嘌呤标准储备液于100mL容量瓶中，用甲醇定容至刻度，此溶液质量浓度为50.0mg/L。

分别吸取上述溶液用样品提取液稀释，配制成质量浓度依次为0.02、0.10、0.50、1.00、5.00、10.00mg/L的标准工作液。现用现配。

（9）活性炭（颗粒状）：在烘箱中120℃活化4h。

（10）微孔滤膜：0.45μm，水相。

5. 仪器和设备

（1）液相色谱仪：配有紫外检测器。

（2）天平：感量0.1mg和0.01g。

（3）超声波仪：功率大于180W。

（4）离心机：转速不低于4000r/min。

（5）组织捣碎机。

6. 分析步骤

（1）试样制备　样品经组织捣碎机捣碎混匀后备用。

（2）试样处理　称取10g（精确到0.01g）试样于25mL比色管中，分别加入1g活性炭和20mL提取液，混匀后超声提取20min，转移试样至50mL离心管中，4000r/min离心10min，将上清液全部转移至50mL容量瓶中；残渣用提取液再次提取，离心后合并上清液，用提取液定容至50mL，经0.45μm微孔滤膜过滤后，供液相色谱测定。

（3）液相色谱测定

①液相色谱参考条件

色谱柱：XDB-C$_{18}$（4.6 mm×250mm，5.0μm）或等效色谱柱；

流动相：甲醇+乙腈+水（40+5+55，体积比）；

流速：1.0mL/min；

柱温：28℃；

进样体积：10.0 μL；

测定波长：267nm。

②定量测定：将标准工作液分别进样，以浓度为横坐标，峰面积为纵坐标，绘制标准工作曲线，用标准工作曲线对样品进行定量，样品溶液中的6-苄氨基嘌呤均应在仪器测定的线性范围内。

7.结果计算

测定结果可由仪器工作站自动计算，也可按下式计算：

$$X=\frac{\rho \times V \times 1000}{m \times 1000}$$

式中　　X——样品中6-苄氨基嘌呤的含量，单位为毫克每千克（mg/kg）；

ρ——由标准曲线计算得试液中6-苄氨基嘌呤的浓度，单位为毫克每升（mg/L）；

V——试样最终定容体积，单位为毫升（mL）；

m——称取样品质量，单位为克（g）。

计算结果保留三位有效数字。

8.重复性

在重复性条件下获得的两次独立测定结果的绝对差值不得超过算术平均值的10%。

三、氯吡脲的检验

1. 参考方法

SN/T 3643—2013《水果中氯吡脲（比效隆）残留量的检测方法　液相色谱–串联质谱法》。

2. 适用范围

本方法规定了水果、蔬菜中氯吡脲残留量的液相色谱–串联质谱检测方法。

3. 实验原理

试样中残留的氯吡脲用乙腈提取，提取液经N–丙基乙二胺和C_{18}填料分散固相萃取净化后，液相色谱–串联质谱仪测定，外标法定量。

4. 试剂和材料

（1）乙腈：色谱纯。

（2）甲醇：色谱纯。

（3）乙酸铵。

（4）氯化钠。

（5）5mmol/L乙酸铵水溶液：称取0.385g乙酸铵，溶解于1000mL水中。

（6）甲醇–水溶液（60+40，体积比）：准确量取60mL甲醇和40mL水，混合后备用。

（7）氯吡脲标准物质（Forchlorfenuron，CAS号68157–60–8，$C_{12}H_{10}ClN_3O$）：纯度大于或等于99%。

（8）氯吡脲标准储备溶液：准确称取适量的氯吡脲标准物质，用甲醇配制成质量浓度为100μg/mL的标准储备溶液，–18℃冰箱中保存。

（9）氯吡脲标准中间溶液：准确吸取适量的氯吡脲标准储备溶液，用甲醇配制成质量浓度为10μg/mL的标准中间溶液，0～4℃冰箱中保存。

（10）空白样品基质溶液：选取不含待测物的样品，按照测定步骤中"提取""净化"操作，得到空白样品基质溶液。

（11）氯吡脲标准基质溶液：根据需要使用前吸取适量的氯吡脲标准中间溶液，用空白样品基质溶液配制成适当浓度的标准基质溶液，0~4℃

冰箱中保存，使用前配制。

（12）无水硫酸镁：使用前于500℃灼烧5h，取出，在干燥器中冷却至室温，贮于密封瓶中备用。

（13）N-丙基乙二胺（PSA）填料：50μm，8.4% C，3.3% N，或相当者。

（14）C_{18}填料：40～63μm，或相当者。

（15）微孔过滤膜（尼龙）；有机系，13mm×0.22μm。

5. 仪器与设备

（1）液相色谱-串联质谱仪：配备电喷雾离子源（ESI）。

（2）天平：感量0.1mg和0.01g。

（3）食品粉碎机。

（4）匀浆机：转速不低于12000r/min。

（5）涡旋混合器。

（6）离心机：转速不低于4000r/min。

（7）旋转蒸发器。

（8）氮吹仪。

（9）聚丙烯离心管：50mL。

（10）离心管：10mL。

6. 试样制备与保存

取样品500g，取可食部分，将其切碎，充分混匀后放入食品粉碎机中粉碎，制成待测试样，标明标记。放入分装容器中，于-18℃密封保存，备用。

7. 测定步骤

（1）提取　准确称取试样10g（精确到0.01g）于50mL离心管中，准确加入20mL乙腈，用匀浆机在12000r/min高速匀浆1min，加入1g氯化钠，将离心管置于冷水浴中冷却，缓慢加入6g无水硫酸镁，振荡，于4000r/min离心3min。

（2）净化　分别加入100mg PSA填料、100mg C_{18}填料和100mg无水硫酸镁于10mL离心管中，移取2mL上清液于该离心管中，在涡旋混合器上涡旋1min后，4000r/min离心3min。准确移取1mL上清液于一支干净的离心管中，用氮气吹干，甲醇-水溶液（60+40，体积比）溶解并定容至

1.0mL，过滤膜，供液相色谱–串联质谱仪测定和确证。

（3）液相色谱–串联质谱测定

①液相色谱参考条件

色谱柱：C$_{18}$柱，150mm×2.1mm（内径），5μm，或相当者；

柱温：30℃；

流速：0.25mL/min；

进样量：10μL；

流动相及梯度洗脱条件见表2–1。

表2–1　流动相及梯度洗脱条件

时间（min）	甲醇（%）	5mmol/L乙酸铵水溶液（%）
0.00	90.0	10.0
1.00	90.0	10.0
2.00	95.0	5.0
7.00	95.0	5.0
7.10	90.0	10.0
10.00	90.0	10.0

②质谱参考条件

电离方式：电喷雾电离（ESI）；

扫描方式：正离子扫描；

检测方式：多反应监测（MRM）；

电喷雾电压：4.0kV；

鞘气、辅助气均为高纯氮气，碰撞气为高纯氩气。使用前应调节各气体流量以使质谱灵敏度达到检测要求，参考条件：电离方式：电喷雾电离（ESI）；电喷雾电压：4000V；鞘气压力：0.276MPa；辅助气压力：0.138MPa；离子源温度：350℃；碰撞气压力：0.20Pa；扫描方式：正离子扫描；检测方式：多反应监测（MRM）；定性离子对、定量离子对、透镜补偿电压及碰撞能量等参数见表2–2。

表2-2　定性离子对、定量离子对、透镜补偿电压及碰撞能量

被测物名称	母离子（m/z）	子离子（m/z）	透镜补偿电压（V）	碰撞能量（eV）
氯吡脲	247.9	93.1	70	33
		129.0（定量离子）	70	18

监测离子对（m/z）：氯吡脲247.9/129.0（定量离子）、247.9/93.1。

③液相色谱串联质谱检测及确证：根据试样中被测样液的含量情况，选取待测物的响应值在仪器线性响应范围内的浓度进行测定，如果超出仪器线性响应范围内进行稀释。在上述色谱条件下氯吡脲的参考保留时间约为6.2min。按照液相色谱-串联质谱条件测定样品和标准工作溶液，样品中待测物质的保留时间与标准溶液中待测物质的保留时间偏差在±2.5%之内。定量测定时采用标准曲线法。定性时应当与浓度相当标准工作溶液的相对丰度一致。相对丰度允许偏差不超过表2-3规定的范围，则可以判断样品中存在对应的被测物。

表2-3　定性确证时相对离子丰度的最大允许偏差

相对离子丰度（%）	>50	>20～50	>10～20	≤10
允许的相对偏差（%）	±20	±25	±30	±50

（4）空白试验　除不称取试样外，均按上述步骤进行。

8.结果计算

用色谱数据处理软件或按下式计算试样中氯吡脲残留量，计算结果需扣除空白值：

$$X = \frac{\rho \times V \times 1000}{m \times 1000}$$

式中　　X——试样中氯吡脲的残留量，单位为毫克每千克（mg/kg）；

ρ——从标准曲线上得到的氯吡脲溶液质量浓度，单位为微克每毫升（μg/mL）；

V——样液最终定容体积，单位为毫升（mL）；

m——最终样液所代表的试样质量，单位为克（g）。

注：计算结果应扣除空白值。

9. 测定低限

本方法的测定低限为0.01mg/kg。

四、多菌灵的检验

1. 参考方法

GB/T 23380—2009《水果、蔬菜中多菌灵残留的测定　高效液相色谱法》。

2. 适用范围

本方法规定了水果、蔬菜中多菌灵残留量的高效液相色谱测定方法。

本方法适用于水果、蔬菜中多菌灵残留量的测定。

本方法的方法检出限：0.02mg/kg。

3. 实验原理

水果、蔬菜样品中多菌灵经加速溶剂萃取仪萃取，萃取液经固相萃取分离、净化、浓缩、定容后上高效液相色谱仪检测，外标法定量。

4. 试剂和材料

（1）甲醇：色谱纯。

（2）0.1mol/L盐酸。

（3）2%氨水（体积分数）：2mL氨水（25%～28%）+98mL水。

（4）2%氨水–甲醇溶液（体积分数）：2mL氨水（25%～28%）+98mL甲醇。

（5）4%氨水–甲醇溶液（体积分数）：4mL氨水（25%～28%）+96mL甲醇。

（6）磷酸盐缓冲溶液（0.02mol/L，pH 6.8）：1.38g磷酸二氢钠和1.41g磷酸氢二钠溶于900mL水中，用磷酸调pH至6.8，定容至1000mL。

（7）固相萃取柱（Oasis MCX6mL，150mg或相当者），使用前需要依次用2mL甲醇、3mL 2%氨水进行活化。

（8）多菌灵标准溶液：100μg/mL。低温避光保存。

（9）多菌灵标准工作溶液：取上述标准溶液根据需要用流动相配制成适当浓度的标准系列工作溶液，需现配现用。

5. 仪器和设备

（1）液相色谱仪：配二极管阵列检测器（DAD）或紫外检测器（UV）。

（2）加速溶剂萃取仪（ASE）。萃取参考条件：34mL萃取池，温度100℃，压强13.80MPa（2000psi），加热5min，以甲醇为溶剂静态萃取5min，60%溶剂快速冲洗试样，60s氮气吹扫。

（3）固相萃取仪（SPE）。

（4）旋转蒸发器。

（5）氮吹仪。

（6）分析天平：感量0.1mg。

6. 测定步骤

（1）试样制备、保存　按NY/T 2103—2011中的方法取水果、蔬菜可食用部分，粉碎，装入密闭洁净容器中标记明示。

试样应置于4℃冷藏保存。

（2）提取　称取制备样5.00g，加入硅藻土适量，上加速溶剂萃取仪，使用34mL萃取池，温度100℃，压强13.80MPa（2000psi），加热5min，以甲醇为溶剂静态萃取5min，60%溶剂快速冲洗试样，60s氮气吹扫，循环一次，收集提取液，于45℃水浴中减压浓缩近干，用10mL 0.1mol/L盐酸溶液将残余物溶解。

（3）净化　将上述溶液移入活化后的固相萃取小柱，依次用2mL 2%氨水、2mL 2%氨水–甲醇溶液、2mL 0.1mol/L盐酸溶液、3mL甲醇淋洗小柱，弃去淋洗液。最后用3mL 4%氨水–甲醇溶液洗脱柱子，收集洗脱液，置于45℃水浴中用氮气吹干，用1mL流动相溶解残渣，过0.45μm滤膜后供液相色谱测定用。

（4）液相色谱参考条件

①色谱柱：C_{18}柱（4.6mm×250mm，5μm）；

②流动相：磷酸盐缓冲溶液–乙腈（80+20），使用前经0.45μm滤膜过滤；

③流速：1.0mL/min；

④检测波长：286nm；

⑤进样量：20μL。

（5）测定　取净化后样品测试液和标准溶液各20μL，进行高效液相色谱分析，以保留时间为依据进行定性，以峰面积对标准溶液的浓度制作校正曲线，对样品进行定量。

（6）平行试验　按以上步骤对同一试样进行平行实验测定。

（7）空白试验　除不称取样品外，均按上述步骤进行。

7. 结果计算

试样中多菌灵残留量按下式计算：

$$X=\frac{\rho \times V \times 1000}{m \times 1000}$$

式中　　X——试样中多菌灵残留量，单位为毫克每千克（mg/kg）；

ρ——从标准曲线上得到的多菌灵浓度，单位为微克每毫升（μg/mL）；

V——样品定容体积，单位为毫升（mL）；

m——称取试样的质量，单位为克（g）。

8. 精密度

在再现性条件下获得的两次独立的测试结果的绝对差值不大于这两个测定值的算术平均值的15%。

五、甲胺磷的检验

1. 参考方法

GB/T 5009.103—2003《植物性食品中甲胺磷和乙酰甲胺农药残留量的测定》。

2. 适用范围

本方法规定了水果、蔬菜中甲胺磷杀虫剂残留量的测定方法。

本方法适用于水果、蔬菜中甲胺磷杀虫剂残留量的测定方法。

本方法检出限为0.00779ng。

3. 实验原理

含有机磷的试样在富氢焰上燃烧，以氢磷氧碎片的形式，放射出波长526nm的特征光，这种特征光通过滤光片选择后，由光电倍增管接收，转换成电信号，经微电流放大器放大后，被记录下来，试样的峰高与标准品的峰高相比，计算出试样相当的含量。

4. 试剂

（1）丙酮。

（2）二氯甲烷：重蒸。

（3）无水硫酸钠。

（4）活性炭：用3mol/L盐酸浸泡过夜，抽滤，用水洗至中性，在120℃条件下烘干备用。

（5）甲胺磷（methamidophos）：纯度≥99%。

（6）甲胺磷标准溶液的配制：称取甲胺磷标准品，用丙酮制成0.1mg/mL的标准储备液。使用时根据仪器灵敏度用丙酮稀释配制成单一品种的标准使用液，贮藏于冰箱中。

5. 仪器与设备

（1）气相色谱仪：具有火焰光度检测器。

（2）电动振荡器。

（3）K-D浓缩器或旋转蒸发器。

（4）离心机。

6. 试样的制备

取试样洗净，晾干，去掉非食部分后剁碎或经组织捣碎机捣碎，制成试样。

7. 分析步骤

（1）提取和净化　称取试样10g，精确至0.001g，用无水硫酸钠（因含水量不同而加入量不同，约50~80g）研磨成干粉状，倒入具塞锥形瓶中，热入0.2~0.4g活性炭（根据色素含量）及80mL丙酮，振摇0.5h，抽滤，滤液浓缩定容至5mL，待气相色谱分析。

（2）色谱条件

①色谱柱：玻璃柱，内径3mm，长0.5m，内装2% DEGS/Chromosorb W AW DMCS，80~100目。

②气流：载气：氮气70mL/min，空气0.7kg/cm^3，氢气1.2kg/cm^3。

③温度：进样口200℃，柱温180℃。

（3）测定

①定性：以甲胺磷标样的保留时间定性。

②定量：用外标法定量，以甲胺磷已知浓度的标准试样溶液作外标物，按峰高定量。

8. 结果计算

按下式计算：

$$X = \frac{h_i \times E_i \times V_1}{h_{0i} \times V_2 \times m}$$

式中　　X——试样中i组分有机磷含量，单位为毫克每千克（mg/kg）；

E_i——注入标样中i组分有机磷的含量，单位为纳克（ng）；

h_i——试样的峰高，单位为毫米（mm）；

h_{0i}——标样中i组分的峰高，单位为毫米（mm）；

V_1——浓缩定容体积，单位为毫升（mL）；

V_2——注入色谱试样的体积，单位为微升（μL）；

m——试样的质量，单位为克（g）。

9. 精密度

在重复性条件下获得的两次独立测定结果的绝对差值不得超过算术平均值的10%。

第五节　国内重大安全事件

一、立顿稀土事件

2011年11月，国家质量监督检验检疫总局在其官方网站公布了最新的37种产品质量抽检结果，其中，联合利华（中国）有限公司生产的"立顿"牌铁观音产品（规格型号为50g/盒，生产日期为2011-01-14）被判不合格，不合格项目是稀土，标准值要求≤2.0mg/kg，而产品实测值为

3.2mg/kg，比标准值2.0mg/kg高出60%。由此引发"立顿稀土超标"舆论事件，也对联合利华（中国）有限公司的企业形象造成巨大负面影响。

茶叶中的稀土追溯起来一般来自于茶叶生长的土壤中，其含量与茶叶的老嫩度和土壤环境密切相关。其生产加工过程中不存在任何主动添加或者自动生成稀土的可能。随后的《食品安全国家标准 食品中污染物限量》的征求意见稿和编制说明，取消了稀土在食品中限量的规定。在该征求意见稿的编制说明中也指出："参照国际上对稀土元素的管理及我国相关食品的现实，取消对粮食、蔬菜、水果、花生仁、马铃薯、绿豆、茶叶等植物性食品中稀土限量要求"。另外，国际食品法典委员会、澳大利亚/新西兰、日本、美国和中国台湾等国家或地区均无食品中稀土元素的相关管理要求。

二、毒豆芽事件

前几年，闹得沸沸扬扬的"毒豆芽事件"在当时引起了很大的轰动。当时有舆论媒体报道，有菜农使用"植物生长调节剂"催熟豆芽，但是"植物生长调节剂"对人体有害，可引起器官病变，引起轩然大波，人人谈豆芽色变，使得豆芽销量一落千丈，菜农损失惨重。而导火索就是"植物生长调节剂"，又名"无根剂"，主要成分是6-苄基腺嘌呤。

6-苄基腺嘌呤，是一种广泛使用的添加于植物生长培养基的细胞分裂素，具有抑制植物叶内叶绿素、核酸、蛋白质的分解，保绿防老；将氨基酸、生长素、无机盐等向处理部位调运等多种效能，广泛用在农业、果树和园艺作物从发芽到收获的各个阶段。其毒性为LD_{50}：大鼠口服2965mg/kg（bw）（雄性），大鼠口服1005.19mg/kg（bw）（雌性）。蓄积毒性试验：雌性大鼠蓄积系数大于5，雄性大鼠蓄积系数为3，均属弱蓄积性。使用范围和使用量可按我国原标准《食品添加剂使用卫生标准》（GB 2760—1996）规定：用于发黄豆芽绿豆芽，最大使用量0.01g/kg，残留量应不高于0.2mg/kg。而在实际生活中，商贩一般使用量很大，在批捕的山东商贩杨某处，"毒豆芽"检出的有毒物质6-苄基腺嘌呤是国家标准检出上限的2000倍，长期食用会对人体产生蓄积危害。

三、毒生姜事件

2013年5月9日，山东潍坊农户使用剧毒农药"神农丹"种植生姜，被央视焦点访谈曝光，引发全国舆论哗然。而这次曝光则是记者在山东潍坊地区采访时，一次意外的反面查获报道。本来是准备对生姜种植大市，收集素材对潍坊菜篮子工程作正面的典型报道。没有想到从当地田间，突然发现了剧毒农药包装袋，记者看到这个蓝色包装袋，上面显示神农丹农药。每包质量1千克，正面印有"严禁用于蔬菜、瓜果"的大字，背面有骷髅标志和红色"剧毒"字样。这一发现让记者大吃一惊，这里竟然还有人明目张胆滥用剧毒农药种植生姜，这可不是一般的小问题，而是涉及众多老百姓的生命安全问题。记者不动声色，在3天的时间里，默默走访了峡山区王家庄街道管辖的十多个村庄，发现这里违规使用神农丹的情况比较普遍。田间地头随处都能看到丢弃的神农丹包装袋，姜农们不是违法偷偷的用，而是成箱地公开使用这种剧毒农药。此报道一出，立即成为一个公共事件。

据悉，"神农丹"主要成分是一种叫涕灭威的剧毒农药，50毫克就可致一个50千克重的人死亡。当地农民对神农丹的危害性都心知肚明，使用剧毒农药种出的姜，他们自己根本就不吃。而且当地生产姜本身就有两个标准：一是出口国外的标准，那是绝对不能使用剧毒农药的，因为检测严格骗不了外商。另一个就是国内销售的标准，可以使用剧毒农药，因为国内的检测不严格，当地农民告诉记者，只要找几斤不施农药的姜送去检验，就能拿到农药残留合格的检测报告。

四、毒黄花菜事件

2004年3月13日沈阳市卫监所查获24.5吨含有焦亚硫酸钠食品添加剂的黄花菜，在引发"毒菜风波"后，卫生部2004年6月24日作出批示：使用焦亚硫酸钠处理加工黄花菜的行为，违反了《中华人民共和国食品卫生法》第十一条规定，应按照第四十四条进行处罚。

作为黄花菜的主产省份，湖南省卫生厅相关负责人表示能不能使用焦亚硫酸钠，关键还要看二氧化硫残留标准，而在2004年的"毒菜风波"发生以前，作为食品添加剂，焦亚硫酸钠能用在加工竹笋、蘑菇等霉干菜农副产品上，在食品添加剂使用卫生标准中焦亚硫酸钠的使用范围却并不包括黄花菜，而正是因为这一政策漏洞使得黄花菜的加工产业一直都没有含硫加工的卫生标准。

2004年8月10日，我国卫生部下发公告，将焦亚硫酸钠和硫磺两种食品添加剂准许加入黄花菜。根据公告，以《食品卫生法》和《食品添加剂卫生管理办法》的规定，焦亚硫酸钠和硫磺可以用于加工黄花菜，但两种食品添加剂最大使用量不能超过0.2g/kg（以二氧化硫残留量计）。省卫生厅相关责任人介绍，卫生部禁止使用焦亚硫酸钠加工处理黄花菜，只是针对黄花菜产业没有申请卫生标准而采取的办法，并不是说焦亚硫酸钠本身有毒，现在有了这个标准就可以名正言顺地生产了。

五、毒竹笋事件

近年来，查获毒竹笋的报道屡见报端，所谓毒竹笋，就是在竹笋的贮存放置期间为了防止竹笋变质，采用亚硫酸盐或硫磺熏制而达到防腐目的，由此产生的产品中二氧化硫残留超标引发的食品安全事件。

二氧化硫对人体的危害：

1.在制作过程中，空气中二氧化硫浓度过大，会对操作者的眼和呼吸道黏膜有强烈的刺激作用；

2.有研究证实二氧化硫还可能诱发哮喘和过敏性疾病，同时会破坏体内的维生素B_1；

3.食用了二氧化硫残留超标的食物会产生恶心、呕吐等胃肠道症状；

4.二氧化硫在人体内会破坏酶的活力，影响碳水化合物及蛋白质的代谢，也会影响人体对钙的吸收；

5.二氧化硫污染还有一定的雄性生殖毒性，经常接触高浓度二氧化硫的青年男子精子畸变率会升高并且会降低运动能力。

第三章 水产品

第一节　水产品的分类

水产品是海洋和淡水渔业生产的动植物及其加工产品的统称，主要生物种类形态为鱼类、虾类、蟹类、贝类和其他类等。

一、海鲜分类

1. 海水鱼

大黄鱼、小黄鱼、黄姑鱼、白姑鱼、带鱼、鲳鱼、鲅鱼、鲐鱼、鳓鱼、鲈鱼、鲱鱼、蓝圆鲹、马面鲀、石斑鱼、鲆鱼、鲽鱼、沙丁鱼、鳀鱼、鳕鱼、海鳗、鳐鱼、鲨鱼、鲷鱼、金线鱼、其他海水鱼类。

2. 海水虾

东方对虾、日本对虾、长毛对虾、斑节对虾、墨吉对虾、宽沟对虾、鹰爪虾、白虾、毛虾、龙虾、其他海水虾类。

3. 海水蟹

梭子蟹、青蟹、其他海水蟹类。

4. 海水贝类

鲍鱼、泥蚶、毛蚶、贻贝、红螺、香螺、玉螺、泥螺、栉孔扇贝、海湾扇贝、牡蛎、文蛤、杂色蛤、青柳蛤、大竹蛏、缢蛏、其他海水贝类。

5. 其他海水动物

墨鱼、鱿鱼、章鱼。

二、淡水产分类

1. 淡水鱼

青鱼、草鱼、鲢鱼、鳙鱼、鲫鱼、鲤鱼、鲮鱼、鲑（大麻哈鱼）、鳜鱼、团头鲂、长春鳊、鲂（三角鳊）、银鱼、乌鳢、泥鳅、鲶鱼、鲫鱼、鲈鱼、黄鳝、罗非鱼、虹鳟、鳗鲡、鲟鱼、鳇鱼、其他淡水鱼类。

2. 淡水虾

日本沼虾、罗氏沼虾、中华新米虾、秀丽白虾、中华小长臂虾、其他淡水虾类。

3. 淡水蟹

中华绒螯蟹、其他淡水蟹类。

4. 淡水贝类

中华园田螺、铜锈环棱螺、大瓶螺、三角帆蚌、褶纹冠蚌、背角无齿蚌、河蚬、其他淡水贝类。

5. 其他淡水动物

鳖（甲鱼）、牛蛙、棘胸蛙、蜗牛。

第二节　样品的采集

一、样本的基本要求

1. 活体的样本

应选择能代表整批产品群体水平的生物体，不能特意选择特殊的生物体（如畸形、有病的）作为样本。

2. 鲜品的样本

应选择能代表整批产品群体水平的生物体，不能特意选择新鲜或不新鲜的生物体作为样本。

3. 作为进行渔药残留检验的样品

应该为已经过停药期的、养成的、即将上市进行交易的养殖水产品。

4. 处于生长阶段的或使用渔药后未经过停药期的养殖水产品

可作为查处使用违禁药的样本。

5. 用于微生物检验的样本

应该单独抽取，取样后应置于无菌的容器中，且存放温度为0~10℃，应在48h内送到实验室进行检验。

6. 水产加工品

按企业明示的批号进行抽样，同一样品所抽查的批号应相同。抽查样品抽自生产企业成品库，所抽样品应带包装，在同一企业所抽样品不得超过两个，且品种或规格不得重复。

二、生产企业样本采集

（一）组批规则

1. 养殖水产品

以同一池或同一养殖场中养殖条件相同的同一天捕捞的产品为一检验批。

2. 水产加工品

以同原料、同条件下、同一天生产包装的产品为一检验批。

（二）抽样方法

1. 养殖水产品

在出厂检验时，非破坏性检验按表3–1的规定执行；破坏性检验的抽样在每批中随机抽取约1000g样品进行检验。

表3–1　抽样方法

总体量	样本量	合格判定数[a]	不合格判定数[b]
2~15	2	0	1
16~25	3	0	1
26~90	5	0	1
91~150	8	1	2
151~500	13	1	2
501~1200	20	2	3
1201~10000	32	3	4
10001~35000	50	5	6
35001~500000	80	7	8
>500000	125	10	11

注：[a] 合格判定数：若在样本中发现的不合格样本数小于或等于合格判定数，则判该批产品为合格品。

[b] 不合格判定数：若在样本中发现的不合格样品数大于或等于不合格判定数，则判该批产品为不合格品。

2. 水产加工品

在出厂或交付检验时，非破坏性检验按表3-2的规定执行；破坏性检验所抽样品在同一产品批中随机抽取，样本以瓶（袋）为单位。大于1500箱抽取4箱，小于1500箱抽取2箱，再从每箱中随机抽取3瓶（袋）进行检验。

（1）抽样方案Ⅰ（检验水平Ⅰ，AQL=6.5）

①净化量等于或小于1kg时，抽样方案见表3-2。

表3-2　净化量等于或小于1kg时的抽样方案Ⅰ

总体量（N）	样本量（n）	合格判定数（c）
≤4800	6	1
4801~24000	13	2
24001~48000	21	3
48001~84000	29	4
84001~144000	38	5
144001~240000	48	6
>240000	60	7

②净化量大于1kg但小于4.5kg时，抽样方案见表3-3。

表3-3　净化量大于1kg但小于4.5kg时的抽样方案Ⅰ

总体量（N）	样本量（n）	合格判定数（c）
≤2400	6	1
2401~15000	13	2
15001~24000	21	3
24001~42000	29	4
42001~72000	38	5
72001~120000	48	6
>120000	60	7

③净化量大于4.5kg时，抽样方案见表3-4。

表3-4 净化量大于4.5kg时的抽样方案Ⅰ

总体量（N）	样本量（n）	合格判定数（c）
≤600	6	1
601~2000	13	2
2001~7200	21	3
7201~15000	29	4
15001~24000	38	5
24001~42000	48	6
>42000	60	7

（2）抽样方案Ⅱ（检验水平Ⅱ，AQL=6.5）

①净化量等于或小于1kg时，抽样方案见表3-5。

表3-5 净化量等于或小于1kg时的抽样方案Ⅱ

总体量（N）	样本量（n）	合格判定数（c）
≤4800	13	2
4801~24000	21	3
24001~48000	29	4
48001~84000	38	5
84001~144000	48	6
144001~240000	60	7
>240000	72	8

②净化量大于1kg但小于4.5kg时，抽样方案见表3-6。

表3-6 净化量大于1kg但小于4.5kg时的抽样方案Ⅱ

总体量（N）	样本量（n）	合格判定数（c）
≤2400	13	2
2401~15000	21	3
15001~24000	29	4
24001~42000	38	5
42001~72000	48	6
72001~120000	60	7
>120000	72	8

③净化量大于4.5kg时，抽样方案见表3-7。

表3-7　净化量大于4.5kg时的抽样方案Ⅱ

总体量（N）	样本量（n）	合格判定数（c）
≤600	13	2
601~2000	21	3
2001~7200	29	4
7201~15000	38	5
15001~24000	48	6
24001~42000	60	7
>42000	72	8

三、抽查检验样本采集

（一）捕捞及养殖水产品的样品采集

捕捞及养殖水产品的抽样见表3-8。

表3-8　捕捞及养殖水产品的抽样

样品名称	样本量[a]	检样量（g）
鱼类	≥3尾	≥400
虾类	≥10尾	≥400
蟹类	≥5只	≥400
贝类	≥3kg	≥700
藻类	≥3株	≥400
海参	≥3只	≥400
龟鳖类	≥3只	≥400
其他	≥3只	≥400

注：[a] 表中所列为最少取样量，实际操作中应根据所取样品的个体大小，在保证最终检样量的基础上抽取样品。

（二）生产企业的样市采集

在生产企业（养殖或加工企业）对水产品或水产加工品进行抽样，应每个批次抽取1kg（至少4个包装袋）以上的样品，其中一半封存于被抽企业，作为对检验结果有争议时复检用，一半由抽样人员带回，用于检验。在生产企业抽样应抽取企业自检合格的样品，被抽样品的基数不得少于20kg，被抽企业应在抽样单上签字盖章，确认产品。

（三）销售市场的样品采集

水产品及其加工品在销售市场进行抽样时，应每个批次抽取1kg或至少4个包装袋以上的样品，其中一半由抽样人员带回，用于检验，另一半封存于被抽企业，作为对检验结果有争议时复检用；若被抽企业无法保证样品的完整性，则由双方将样品封好，由双方人员签字确认后，由抽样人员带回，作为对检验结果有争议时复检用。在销售市场随机抽取带包装的样品，应填写抽样单，由商店签字确认并（或）加盖公章；企业应协助抽样人员做好所抽样品的确认工作，抽样人员应了解产品生产、经销等情况。在销售市场抽取散装样品，应在包装的上、中、下至少三点抽取样品，以确保所抽样品具有代表性。

（四）样品的保存

1. 活水产品

活水产品应使其处于保活状态，当难以保活时，可以将其杀死按鲜水产品的保存方法保存。

2. 鲜水产品

鲜水产品要用保温箱或采取必要的措施使样品处于低温状态（0~10℃），应在采样后尽快送至实验室（一般在两天内），并保证样品送至实验室时不变质。

3. 冷冻水产品

冷冻水产品要用保温箱或采取必要的措施使样品处于冷冻状态，送至实验室前样品不能融解、变质。

4. 干制水产品

干制水产品应用塑料袋或类似的材料密封保存，注意不能使其吸潮或水分散失，并要保证其从抽样到实验室进行检验的过程中品质不变。

5. 其他水产品

其他水产品也应用塑料袋或类似的材料密封保存，注意不能使其吸潮或水分散失，并要保证其从抽样到实验室进行检验的过程中品质不变。

必要时可使用冷藏设备。

6. 微生物检验用样品

微生物检验用样品在保存时，需注意保持样品处于无污染的环境中，要低温保存，冻品保持冷冻状态，鲜、活品应尽量保持样品的原状态，保存温度0~10℃，从抽样至送到实验室的时间不能超过48h，并且要保证在此过程中，样品中的微生物含量不会有较大变化。

（五）样品的运输

1. 监督抽查时，所抽样品一般由抽样品人员随身带回实验室，与样品接收人员交接样品。

2. 若情况特殊不能亲自带回时，应将产品封于纸箱等容器中，由抽样人员签字后，交付专人送回实验室妥善保存，待抽样人员确认样品无误后，再由实验室的样品接收人员交接样品。

第三节　样品的制备及贮存

一、鱼类的制备

至少取3尾鱼清洗后，去头、骨、内脏，取肌肉、鱼皮等可食部分搅碎混匀后备用；试样量为400g，分为两份，其中一份用于检验，另一份作为留样。

二、虾类的制备

至少取10尾清洗后，去虾头、虾皮、肠腺，得到整条虾肉绞碎混合均匀后备用；试样量为400g，分为两份，其中一份用于检验，另一份作为留样。

三、蟹类的制备

至少取5只蟹清洗后，取可食部分，绞碎混合均匀后备用；试样量为

400g，分为两份，其中一份用于检验，另一份作为留样。

四、贝类的制备

将样品清洗后开壳剥离，收集全部的软组织和体液匀浆；试样量为700g，分为两份，其中一份用于检验，另一份作为留样。

五、藻类的制备

将样品去除砂石等杂质后，均质；试样量为400g，分为两份，其中一份用于检验，另一份作为留样。

六、龟鳖类的制备

至少取3只清洗后，取可食部分，绞碎混合均匀后备用；试样量为400g，分为两份，其中一份用于检验，另一份作为留样。

七、海参的制备

至少取3只清洗后，取可食部分，绞碎混合均匀后备用；试样量为400g，分为两份，其中一份用于检验，另一份作为留样。

第四节　样品的检验

一、孔雀石绿的检验

1.孔雀石绿简介

孔雀石绿是人工合成的有机化合物。其生产是由1摩尔分子的苯甲醛和2摩尔分子的二甲苯胺在浓盐酸混合下，加热缩合成隐色素碱，在酸性条件下加过氧化铅使其氧化，并在碱性液中沉淀出色素碱。孔雀石绿是有毒的三苯甲烷类化学物，既是染料，也是杀菌和杀寄生虫的化学制剂，可致癌。本品针对鱼体水霉病和鱼卵的水霉病有特效，也可以很好地用于鳃霉病、小瓜虫病、车轮虫病、指环虫病、斜管虫病、三代虫病，对其他一些细菌性疾病都有很好的效果。可用作治理鱼类或鱼卵的寄生虫、真菌或细菌感染，对付真菌*Saprolegnia*特别有效，渔场的鱼卵会感染这种真菌。孔雀石绿也常用作处理受寄生虫影响的淡水水产，用作抑菌剂或杀阿米巴原虫剂；对脂鲤和鲶鱼等海产动物来说，有高度毒性、高残留等副作用。农业部已将孔雀石绿列为水产上的禁药，非食用鱼的观赏鱼还可以使用。

2. 参考方法

GB/T 19857—2005《水产品中孔雀石绿和结晶紫残留量的测定》中的液相色谱–串联质谱法。

3. 实验原理

试样中的残留物用乙腈–乙酸铵缓冲溶液提取，乙腈再次提取后，液液分配到二氯甲烷层，经中性氧化铝和阳离子固相柱净化后用液相色谱–串联质谱法测定，内标法定量。

4. 样品前处理过程

（1）鲜活水产

提取：称取5.00g已绞碎样品于50mL离心管中，加入适量混合内标标准溶液（孔雀石绿与隐色孔雀石绿内标混合液，100ng/mL），加入11mL乙腈，超声波振荡提取2min，使用匀浆机8000r/min匀浆提取30s，用高速离心机4000r/min离心5min，上清液转移至25mL比色管中；另取一50mL离心管加入11mL乙腈，洗涤匀浆刀头10s，洗涤液移入前一离心管中，用玻棒捣碎离心管中的沉淀，旋涡混匀器上振荡30s，超声波振荡5min，4000r/min离心5min，上清液合并至25mL比色管中，用乙腈定容至25.0mL，摇匀备用。

净化：移取5.00mL样品溶液加至已活化的中性氧化铝柱（1g/3mL，使用前用5mL乙腈活化）上，用KD浓缩瓶接收流出液，4mL乙腈洗涤中性氧化铝柱，收集全部流出液，45℃旋转蒸发至约1mL，残液用乙腈定容至1.00mL，超声振荡5min，加入1.0mL 5mmol/L乙酸铵，超声振荡1min，样液经0.2μm滤膜过滤后供液相色谱–串联质谱测定。

（2）加工水产

提取：称取5.00g已捣碎样品于100mL离心管中，加入适量混合内标标准溶液，依次加入1mL 0.25g/mL的盐酸羟胺、2mL 1.0mol/L对-甲苯磺酸、2mL 0.1mol/L乙酸铵缓冲溶液和40mL乙腈，匀浆2min（10000r/min），离心3min（3000r/min），将上清液转移到250mL分液漏斗中，用20mL乙腈重复提取残渣一次，合并上清液。于分液漏斗中加入30mL二氯甲烷和35mL水，振摇2min，静置分层，收集下层有机层于150mL梨形瓶中，再用20mL二氯甲烷萃取一次，合并二氯甲烷层，45℃旋转蒸发近干。

净化：将活化好的中性氧化铝柱串接在阳离子交换柱（MCX，60mg/3mL，使用前依次用3mL乙腈、3mL 2%（V/V）甲酸溶液活化）上方。用6mL乙腈分三次（每次2mL），用旋涡振荡器涡旋溶解上述提取物，并依次过柱，控制阳离子交换柱流速不超过0.6mL/min，再用2mL乙腈淋洗中性氧化铝柱后，弃去中性氧化铝柱。依次用3mL 2%甲酸溶液、3mL乙腈淋洗阳离子交换柱，弃去流出液。用4mL 5%（V/V）乙酸铵甲醇溶液洗脱，洗脱流速为1mL/min，用10mL刻度试管收集洗脱液，用水定容至10.0mL，样液经0.2μm滤膜过滤后供液相色谱-串联质谱测定。

5. 液相色谱-串联质谱仪条件

（1）色谱柱：C_{18}柱，50mm×2.1mm，粒度2.5μm或相当；

（2）流动相：乙腈+5mmol/L乙酸铵=75+25（V/V）；

（3）流速：0.3mL/min；

（4）柱温：40℃；

（5）进样量：2μL；

（6）离子源：电喷雾（ESI），正离子；

（7）扫描方式：多反应监测（MRM）；

（8）监测离子对：孔雀石绿m/z 329/313（定量离子）、329/208；隐色孔雀石绿m/z 331/316（定量离子）、331/239；氘代孔雀石绿 m/z 334/318（定量离子）；氘代隐色孔雀石绿 m/z 337/322（定量离子）。

6. 计算公式

$$X = \frac{(\rho - \rho_0) \times V}{m} \times f$$

式中　　*X*——样品中待测组分残留量，μg/kg；

　　　　ρ——样液中孔雀石绿、隐色孔雀石绿的检出质量浓度，ng/mL；

　　　　$ρ_0$——空白样液中孔雀石绿、隐色孔雀石绿的检出质量浓度，ng/mL；

　　　　V——样液的定容体积，mL；

　　　　m——样品的质量，g；

　　　　f——实验过程中的样液稀释倍数。

7. 方法检出限

本方法中孔雀石绿、隐色孔雀石绿的检测限均为0.5μg/kg。

8. 注意事项

（1）本方法孔雀石绿的残留量测定结果系指孔雀石绿和它的代谢物隐色孔雀石绿残留量之和，以孔雀石绿表示。孔雀石绿在水生动物体内迅速代谢成隐色孔雀石绿，而隐色孔雀石绿的毒性甚至超过孔雀石绿，所以通常将孔雀石绿和隐色孔雀石绿的总量作为动物源性食品中孔雀石绿残留的限量指标。

（2）孔雀石绿还可以用高效液相色谱法进行测定，但需要进行柱后衍生，且为外标法定量，如果条件允许，推荐液相色谱–串联质谱法进行测定，准确度更高。

（3）孔雀石绿虽然称作孔雀石绿，但其实它不含有孔雀石的成分，只是两者颜色相似而已。孔雀石和孔雀石绿是两种完全不同的物质。国家明令禁止添加至无公害水产养殖领域。

二、恩诺沙星的检验

1. 恩诺沙星简介

恩诺沙星是一种微黄色或淡黄色结晶性粉末，味苦，不溶于水。具有广谱抗菌活性、具有很强的渗透性，对革兰阴性菌有很强的杀灭作用，对革兰阳性菌也有良好的抗菌作用，口服吸收好，血药浓度高且稳定，能广泛分布于组织中，其代谢产物为环丙沙星，仍有强大抗菌作用。几乎对水生动物所有病原菌的抗菌活性均较强。对由耐药性致病菌引起的严重感染有效，与其他抗菌素无交叉耐药性。

2. 参考方法

GB/T 20366—2006《动物源产品中喹诺酮类残留量的测定 液相色谱－串联质谱法》。

3. 实验原理

用甲酸－乙腈提取试样中的喹诺酮类，然后用正己烷净化提取液。液相色谱－串联质谱仪测定，外标法定量。

4. 样品前处理过程

（1）提取 称取搅碎的试样5.0g，置于50mL聚丙烯离心管中，加入20mL甲酸－乙腈溶液（2+98），旋涡混合1min，超声提取10min，用离心机4000r/min离心5min（4℃），将上清液转移至另一离心管中，残渣再用20mL甲酸－乙腈溶液提取一次，合并上清液。

（2）净化 将上清液转移至125mL分液漏斗中，加入25mL乙腈饱和的正己烷，振摇2min，取下层溶液至鸡心瓶中，用旋转蒸发仪40℃旋蒸近干，用氮吹仪氮吹干，加入1.0mL甲酸－乙腈溶液溶解残渣，涡旋混匀，过滤膜，供液相色谱－串联质谱仪测定。

5. 液相色谱－串联质谱仪条件

（1）色谱柱：C_{18}柱，50mm×2.1mm，粒度2.5μm或相当；

（2）流动相：乙腈＋2%甲酸溶液（梯度洗脱，具体程序需按仪器进行优化）；

（3）流速：0.3mL/min；

（4）柱温：40℃；

（5）进样量：2μL；

（6）离子源：电喷雾ESI，正离子；

（7）扫描方式：多反应监测（MRM）；

（8）监测离子对：恩诺沙星m/z 360.0/316.0（定量离子）、360.0/244.9。

6. 计算公式

$$X = \frac{(\rho - \rho_0) \times V}{m} \times f$$

式中　　X——样品中待测组分残留量，$\mu g/kg$；

　　　　ρ——样液中恩诺沙星的检出质量浓度，ng/mL；

　　　　ρ_0——空白样液中恩诺沙星的检出质量浓度，ng/mL；

　　　　V——样液的定容体积，mL；

　　　　m——样品的质量，g；

　　　　f——实验过程中的样液稀释倍数。

7. 方法检出限

本方法恩诺沙星的检出低限（LOD）为 $0.5\mu g/kg$，定量限（LOQ）为 $1.0\mu g/kg$。

8. 注意事项

（1）本方法适用于禽、兔、鱼、虾等动物源产品中11种喹诺酮类兽药残留的确证和定量测定，其他喹诺酮类药物的检测同恩诺沙星的检测过程完全相同，区别在于监测的离子对不同。

（2）恩诺沙星又名乙基环丙沙星，检测时常检测恩诺沙星与环丙沙星之和。水产品中恩诺沙星与环丙沙星之和的限量通常为 $100\mu g/kg$。

三、氯霉素的检验

1. 氯霉素简介

氯霉素又名氯胺苯醇，是由氯链丝菌产生的一种具有抑制细菌生长作用的广谱抗菌素，天然氯霉素是左旋体。合成品为白色或微黄色针状或片状晶体，无臭，味极苦，稍溶于水、乙醚和三氯甲烷，易溶于甲醇、乙醇、丙酮或乙酸乙酯，不溶于苯和石油醚。在中性或弱酸性水溶液中较稳定，遇碱易失效。能有效防治水产品烂鳃、赤皮、肠炎等细菌性疾病，但该药对人类的毒性较大，抑制骨髓造血功能造成过敏反应，引起再生障碍性贫血，长期大量食用氯霉素残留的动物性食品可能引起肠道菌群失调及抑制抗体的形成。《动物性食品中兽药最高残留限量》（农业部公告第235号）中将氯霉素列入禁止使用且不得在动物性食品中检出的药物。

2. 参考方法

GB/T 22338—2008《动物源性食品中氯霉素类药物残留量测定》中的

液相色谱-串联质谱法。

3. 实验原理

采用乙腈提取水产品中的氯霉素，提取液用固相萃取柱进行净化，液相色谱-串联质谱仪进行测定，内标法定量。

4. 样品前处理过程

（1）提取 称取搅碎的试样5.00g于50mL离心管中，加入适量内标工作溶液（氯霉素-D$_5$）和30mL乙腈，匀浆，离心5min，上层清液转移至分液漏斗中，加15mL乙腈饱和的正己烷，振荡，静置分层，转移乙腈层至心形瓶中。残渣用30mL乙腈再提取一次，合并提取液，向心形瓶中加入5mL正丙醇，旋转蒸发至近干，用氮吹仪氮吹至干，加入5mL丙酮-正己烷（1+9）溶液溶解残渣。

（2）净化 用5mL丙酮-正己烷溶液淋洗LC-Si硅胶小柱（200mg，3mL），将残渣溶解溶液转移到固相萃取小柱上，弃去流出液，用5mL丙酮-正己烷溶液洗脱，收集洗脱液于心形瓶中，旋转蒸发至近干，氮气吹干，用1mL水定容，定溶液过膜，供液相色谱-串联质谱仪测定。

5. 液相色谱-串联质谱仪条件

（1）色谱柱：C$_{18}$柱，50mm×2.1mm，粒度2.5μm或相当；

（2）流动相：乙腈+0.1%甲酸水溶液（梯度洗脱，具体程序需按仪器进行优化）；

（3）流速：0.3mL/min；

（4）柱温：40℃；

（5）进样量：2μL；

（6）离子源：电喷雾（ESI），负离子；

（7）扫描方式：多重反应监测（MRM）；

（8）监测离子对：氯霉素 m/z 320.9/151.9（定量离子）、320.9/256.9；氯霉素-D$_5$ m/z 326.1/157.0（定量离子）。

6. 计算公式

$$X=\frac{(\rho-\rho_0)\times V}{m}\times f$$

式中　X——样品中待测组分残留量，$\mu g/kg$；

　　　ρ——样液中氯霉素的检出质量浓度，ng/mL；

　　　ρ_0——空白样液中氯霉素的检出质量浓度，ng/mL；

　　　V——样液的定容体积，mL；

　　　m——样品的质量，g；

　　　f——实验过程中的样液稀释倍数。

7. 方法检出限

本方法氯霉素的检出低限（LOD）为 $0.1\mu g/kg$。

8. 注意事项

（1）具体的液相色谱–串联质谱仪的其他参数需根据具体的实验仪器进行优化，仪器间参数差别很大。

（2）氯霉素易溶于甲醇、乙醇、丙酮或乙酸乙酯，不溶于苯和石油醚。氯霉素标准品推荐使用乙腈进行溶解配制。

（3）使用内标法进行定量要确保最终标液里和最终样品溶液里的内标浓度一致，在向样品里添加内标溶液前就要计算好加标量。

四、呋喃西林代谢物的检验

1. 硝基呋喃类药物简介

硝基呋喃类药物是一种广谱抗生素，对大多数革兰阳性菌和革兰阴性菌、真菌和原虫等病原体均有杀灭作用。它们作用于微生物酶系统，抑制乙酰辅酶 A，干扰微生物糖类的代谢，从而起抑菌作用。硝基呋喃类药物曾因为价格较低且效果好，广泛应用于畜禽及水产养殖业，以治疗由大肠杆菌或沙门菌所引起的肠炎、疖疮、赤鳍病、溃疡病等。由于硝基呋喃类药物及其代谢物对人体有致癌、致畸胎副作用，我国原卫生部于2010年3月22日将硝基呋喃类药物呋喃唑酮、呋喃它酮、呋喃妥因、呋喃西林列入可能违法添加的非食用物质黑名单。

2. 参考方法

农业部783号公告–1–2006《水产品中硝基呋喃类代谢物残留量的测定　液相色谱–串联质谱法》。

3. 实验原理

样品肌肉组织中残留的硝基呋喃类蛋白结合代谢物在酸性条件下水解，用2-硝基苯甲醛衍生化，经乙酸乙酯液-液萃取净化后，液相色谱-串联质谱仪进行测定，内标法定量。

4. 样品前处理过程

（1）水解和衍生化 取2.00g水产品可食部分的匀浆试样于50mL离心管中，加入适量内标溶液混合50s，再加入5mL盐酸溶液（0.2mol/L）和0.15mL 2-硝基苯甲醛溶液（0.0378g 2-硝基苯甲醛溶于5mL二甲基亚砜中），避光水浴振荡约16h。

（2）提取和净化 取出离心管冷却至室温，加入3~5mL 0.1mol/L磷酸氢二钾溶液调pH7.0~7.5，加乙酸乙酯4mL提取，涡旋混匀50s，用离心机4000r/min离心5min，吸取上清液转移至10mL玻璃离心管中，再加入4mL乙酸乙酯重复提取一次，合并上清液，用氮吹仪40℃氮吹干。用1.0mL甲醇-水（5+95）溶液溶解残留物，定溶液过0.45μm滤膜，供液相色谱-串联质谱仪测定。

5. 液相色谱-串联质谱仪条件

（1）色谱柱：C_{18}柱，50mm×2.1mm，粒度2.5μm或相当；

（2）流动相：甲醇+0.002mol/L醋酸铵溶液（梯度洗脱，具体程序需按仪器进行优化）；

（3）流速：0.3mL/min；

（4）柱温：40℃；

（5）进样量：2μL；

（6）离子源：电喷雾（ESI），正离子；

（7）扫描方式：多重反应监测（MRM）；

（8）监测离子对：呋喃西林代谢物氨基脲（SEM）m/z 209/166（定量离子）、209/192；内标（SEM-^{13}C-^{15}N$_2$）m/z 212/168（定量离子）。

6. 计算公式

$$X = \frac{(\rho - \rho_0) \times V}{m} \times f$$

式中　　X——样品中待测组分残留量，μg/kg；

　　　　ρ——样液中SEM的检出质量浓度，ng/mL；

　　　　ρ_0——空白样液中SEM的检出质量浓度，ng/mL；

　　　　V——样液的定容体积，mL；

　　　　m——样品的质量，g；

　　　　f——实验过程中的样液稀释倍数。

7. 方法检出限

本方法呋喃西林代谢物SEM的检出低限（LOD）为0.25μg/kg，定量限（LOQ）为0.5μg/kg。

8. 注意事项

（1）硝基呋喃类药物常见的有以下4种：呋喃唑酮、呋喃它酮、呋喃妥因、呋喃西林，硝基呋喃类原型药在生物体内代谢迅速，其代谢产物分别为3-氨基-2-噁唑烷基酮（AOZ）、5-甲基吗啉-3-氨基-2-噁唑烷基酮（AMOZ）、1-氨基-2-内酰脲（AHD）、SEM，和蛋白质结合而相当稳定，故常利用代谢物的检测来反映硝基呋喃类药物的残留状况。

（2）在实际实验过程中，最后的定溶液可能由于油脂的存在而浑浊，此时可以加入适量甲醇饱和的正己烷进行除脂操作，然后再过膜。

五、铅的检验

1. 铅对人体的危害

铅是一种严重危害人类健康的重金属元素，它可影响神经、造血、消化、泌尿、生殖和发育、心血管、内分泌、免疫、骨骼等各类器官，主要的靶器官是神经系统和造血系统。铅可以使人出现疲劳、记忆力减退、精力不能集中、反应迟钝、失眠、烦躁、头痛、视觉神经出现损伤等。更为严重的是它影响婴幼儿的生长和智力发育，损伤认知功能、神经行为和学习记忆等脑功能，严重者造成痴呆。铅引起的智力损害是不可逆转的。即经过驱铅治疗后，血铅下降，但智力损害无明显恢复。

2. 参考方法

GB 5009.12—2017《食品安全国家标准 食品中铅的测定》石墨炉原

子吸收光谱法。

3. 实验原理

试样消解处理后，经石墨炉原子化，在283.3nm波长处测定吸光度，在一定浓度范围内铅的吸光度值与铅含量成正比，与标准系列比较定量。

4. 样品前处理过程

称取固体试样0.2~0.8g匀浆试样于微波消解罐中，加入5mL硝酸，按照微波消解的操作步骤消解试样。冷却后取出消解罐，在电热板上于140~160℃赶酸至1mL左右。消解罐放冷后，将消化液转移至10mL容量瓶中，用少量水洗涤消解罐2~3次，合并洗涤液于容量瓶中并用水定容至刻度，混匀备用。同时做试剂空白试验。

5. 石墨炉原子吸收光谱法仪器条件

（1）波长：283.3nm；

（2）狭缝：0.5nm；

（3）灯电流：8~12mA；

（4）干燥：85~120℃/40~50s；

（5）灰化：750℃/20~30s；

（6）原子化：2300℃/4~5s。

6. 计算公式

$$X = \frac{(\rho - \rho_0) \times V}{m \times 1000}$$

式中　　X ——样品中铅的含量，mg/kg或mg/L；

　　　　ρ ——样液中铅的质量浓度，μg/L；

　　　　ρ_0 ——空白样液中铅的质量浓度，μg/L；

　　　　V ——试样消化液的定容体积，mL；

　　　　m ——样品的质量或体积，g或mL；

　　　　1000——单位换算系数。

7. 方法检出限

本方法当称样量为0.5g或0.5mL，定容体积为10mL时的检出低限

（LOD）为0.02mg/kg或0.02mg/L，定量限（LOQ）为0.04mg/kg或0.04mg/L。

8. 注意事项

在重复性条件下获得的两次独立测定结果的绝对差值不得超过算术平均值的20%。

六、镉的检验

1. 镉对人体的危害

金属镉毒性很低，但其化合物毒性很大。人体的镉中毒主要是通过消化道与呼吸道摄取被镉污染的水、食物、空气而引起的。镉在人体积蓄作用，潜伏期可长达10～30年。据报道，当水中镉超过0.2mg/L时，居民长期饮水和从食物中摄取含镉物质，可引起"骨痛病"。动物实验表明，小白鼠最少致死量为50mg/kg，进入人体和温血动物的镉，主要累积在肝、肾、胰腺、甲状腺和骨骼中，使肾脏器官等发生病变，并影响人的正常活动，造成贫血、高血压、神经痛、骨质松软、肾炎和分泌失调等病症。镉对鱼类和其他水生物也有强烈的毒性作用。其毒性最大的为可溶性氯化镉，当质量浓度为0.001mg/L时，对鱼类和水生物就能产生致死作用。

2. 参考方法

GB 5009.15—2014《食品安全国家标准 食品中镉的测定》。

3. 实验原理

试样经酸消解处理后，注入一定量样品消化液于原子吸收分光光度计石墨化炉中，电热原子化后在228.8nm波长处测定吸光度，在一定浓度范围内镉的吸光度值与镉含量成正比，采用标准曲线法定量。

4. 样品前处理过程

称取试样1～2g匀浆试样于微波消解罐中，加入5mL硝酸和2mL过氧化氢，按照微波消解的操作步骤消解试样。冷却后取出消解罐，加热赶酸至近干，用少量1%硝酸溶液冲洗消解罐3次。将消化液转移至10mL容量瓶中，并用1%硝酸溶液定容至刻度，混匀备用。同时做试剂空白试验。

5. 石墨炉原子吸收光谱法仪器条件

（1）波长：228.8nm；

（2）狭缝：0.2~1.0nm；

（3）灯电流：2~10mA；

（4）干燥：105℃/20s；

（5）灰化：400~700℃/20~40s；

（6）原子化：1300~2300℃/3~5s。

6. 计算公式

$$X = \frac{(\rho - \rho_0) \times V}{m \times 1000}$$

式中　　X ——样品中镉的含量，mg/kg 或 mg/L；

　　　　ρ ——样液中镉的质量浓度，μg/L；

　　　　ρ_0 ——空白样液中镉的质量浓度，μg/L；

　　　　V ——试样消化液的定容体积，mL；

　　　　m ——样品的质量或体积，g 或 mL；

　　　　1000 ——单位换算系数。

7. 方法检出限

本方法的检出限（LOD）为 0.001mg/kg 或 0.001mg/L，定量限（LOQ）为 0.003mg/kg 或 0.003mg/L。

8. 注意事项

在重复性条件下获得的两次独立测定结果的绝对差值不得超过算术平均值的20%。

七、总砷的检验

1. 砷对人体的危害

砷的毒性是阻碍和巯基有关的酶的作用。三价砷可与机体内酶蛋白的巯基反应，形成稳定的螯合物，使酶失去活性，因此三价砷有较强的毒性，如砒霜、三氯化砷、亚砷酸等都是有剧毒的物质。五价砷与巯基亲和力不强，当吸入五价砷离子后，只有在体内还原为三价砷离子，才能产生毒性作用。有机砷除砷化氢衍生物外，一般毒性都较弱，单质砷因不溶于水，进入人体中几乎不被吸收就排出，所以无害。长期摄入低剂量的砷，经过十几年甚至几十年的体内蓄积才发病，砷中毒主要表现为有神经损伤、产生末梢神经炎症，早期有蚁走感、视力障碍、听力障碍；四肢疼痛，运动功能失调，甚至行动困难，肌肉萎缩；头发变脆易于脱落；皮肤色素高度沉着，呈弥漫的灰黑色或深褐色斑点，逐渐融合成大片；手掌脚跖皮肤高度角质化；食欲差、消化不良、腹痛、呕吐等。

2. 参考方法

GB 5009.11—2014《食品安全国家标准 食品中总砷及无机砷的测定》电感耦合等离子体质谱法。

3. 实验原理

试样品经酸消解处理为样品溶液，经雾化由载气送入ICP炬管中，经过蒸发、解离、原子化和离子化等过程，转化为带电荷的离子，经离子采集系统进入质谱仪。对于一定的质荷比，质谱的信号强度与进入质谱仪的离子数成正比，即样品浓度与质谱信号强度成正比。通过测量质谱的信号强度对试样溶液中的砷元素进行测定。

4. 样品前处理过程

称取试样0.2～0.5g匀浆试样于微波消解罐中，加入5mL硝酸放置30min，按照微波消解的操作步骤消解试样。冷却后取出消解罐，将消化液转移至10mL容量瓶中，用少量水洗涤消解罐2～3次，合并洗涤液于容量瓶中并用水定容至刻度，混匀备用。同时做试剂空白试验。

5. 仪器条件

（1）射频（RF）功率：1550W；

（2）载气流速：1.14L/min；

（3）采样深度：7mm；

（4）雾化室温度：2℃；

（5）Ni采样锥，Ni截取锥；

（6）原子化：1300～2300℃/3～5s。

6. 计算公式

$$X=\frac{(\rho-\rho_0)\times V}{m\times 1000}$$

式中　　X——样品中砷的含量，mg/kg 或 mg/L；

　　　　ρ——样液中砷的质量浓度，μg/L；

　　　　ρ_0——空白样液中砷的质量浓度，μg/L；

　　　　V——试样消化液的定容体积，mL；

　　　　m——样品的质量或体积，g 或 mL；

　　　　1000——单位换算系数。

7. 方法检出限

本方法当称样量为 1g，定容体积为 25mL 时的检出限（LOD）为 0.003mg/kg 或 0.003mg/L，定量限（LOQ）为 0.010mg/kg 或 0.010mg/L。

8. 注意事项

（1）在重复性条件下获得的两次独立测定结果的绝对差值不得超过算术平均值的20%。

（2）质谱干扰主要来源于同量异位素、多原子、双电荷离子等，可采用最优化仪器条件、干扰校正方程校正或采用碰撞池、动态反应池技术方法消除干扰（推荐第三法）。砷的干扰校正方程为：$^{75}As=^{75}As-^{77}M（3.127）+^{82}M（2.733）-^{83}M（2.757）$。

（3）采用内标校正、稀释样品等方法校正非质谱干扰。

第五节　国内重大安全事件

一、小龙虾重金属超标

小龙虾学名为克氏原螯虾，又称克氏螯虾、红色沼泽螯虾。由法国生物学家吉拉德（Charles F. Girard）于1852年鉴定，命名为 Clarkii，因其形态与海水龙虾相似，个头较小，所以常被人们称为淡水龙虾。小龙虾原产于墨西哥北部和美国南部，随着人类活动的携带、消费和人工养殖等因素的影响，小龙虾种群已广泛分布于非洲、亚洲、欧洲以及南美洲等30多个国家和地区。

20世纪30年代，小龙虾由日本传入我国南京，进入南京后就在其郊县生存与繁衍。小龙虾属于杂食动物，无论是动物尸体、水草还是藻类，逮到什么吃什么，甚至必要的时候，小龙虾还可以吃掉自己的同类。小龙虾喜栖息于水草、树枝、石隙等隐蔽物中，雨季则会爬上陆地活动，昼伏夜出，不喜强光，多集聚在浅水边爬行觅食或寻偶。另外，小龙虾还能够适应脏水、重金属等污染环境，能在一些其他鱼虾不能生存的富营养化水体中存活，不过这并不代表它们就喜欢待在很脏的地方。它们更喜欢清洁的水源，如果水质差，小龙虾不仅繁殖困难，而且脱壳不利，生长变慢。

小龙虾吸附重金属的问题，与大多数水生甲壳动物（青虾、河蟹等）一样，差异不大；不过研究资料表明：克氏原螯虾对环境的适应能力很强，可以在多种环境中生存，包括一些污染的水体，并从环境中富集污染物，体内重金属污染物浓度可以高出周围环境中的数倍。这些环境中的污染物通过鳃交换或者摄食过程进入体内，在肝脏、鳃和外骨骼中富集。因此，克氏原螯虾在重金属超标的环境下生物富集作用十分明显，但只要小龙虾生活的产地环境重金属不超标，食用小龙虾就是安全的。小龙虾在发育和生长过程中经历若干次脱皮，每次脱皮之前都将几丁质外骨骼脱去，然后重新分泌形成新的几丁质外骨骼，通过脱皮活动而不断地将这些重金属转移到体外，也就是小龙虾的排毒机制。研究数据表明，除了外壳，小龙虾体内的重金属大多集中在头部，可食用的尾部并无太多重金属，引起中毒的可能性不大。

对于甲壳类水产动物及制品，我国标准GB 2762—2017规定铅的最大限量值为0.5mg/kg，检验方法为GB 5009.12—2017；镉的最大限量值为0.5mg/kg，检验方法为GB 5009.15—2014；砷的最大限量值为0.5mg/kg，检验方法为GB 5009.11—2014；甲基汞的最大限量值为0.5mg/kg，检验方法为《食品安全国家标准 食品中总汞及有机汞的测定》（GB 5009.17—2014）。

重金属污染导致的急性食物中毒其实是很少见的，吃海鲜或水产时真正最大的威胁是微生物，小龙虾体内含有大量细菌和寄生虫，实验表明，死虾相对于活虾的微生物水平明显偏高。小龙虾死亡后体内蛋白质变质很快，会分解产生组胺等有毒物质，滋生有害病菌，食用后容易导致腹泻等胃肠道感染性疾病，危害身体健康。如何鉴别你在饭店里吃到的小龙虾是活虾还是死虾呢？可以根据小龙虾熟后的形状来判断——如果发现龙虾的尾巴是直的，那么这些龙虾就是死虾，千万不要吃。如果是弯曲的，蜷缩着身体的，就表示是活虾，可以吃。另外，尽量不要食用小龙虾头部。尽管其头部有虾黄，许多人爱吃，但小龙虾头部集中了鳃、胃等主要脏器，重金属含量高。

二、水产品中二噁英超标

2016年11月1日，香港特区食品安全中心官网通报称，在市场抽查5个大闸蟹样本，发现其中2个来自江苏产的大闸蟹样本中二噁英含量超标，存在致癌风险，即时暂停两涉事水产养殖场的大闸蟹进口及在港出售。其中，江苏吴江万顷太湖蟹养殖的大闸蟹二噁英含量达40.3皮克，较6.5皮克的标准高出5.2倍，而江苏太湖水产有限公司的大闸蟹被验出含11.7皮克二噁英，超标80%。

"香港检出江苏大闸蟹二噁英超标"话题经人民网、新华网、中国网、光明网等媒体转载后，舆情热度攀升。江苏出入境检验检疫局针对港方公布的检测结果，立即暂停受理涉事两家养殖企业的出口报检，并与省海洋渔业局、太湖湖管会联合调查，对两家企业的产品和养殖水域开展普查工作。

二噁英（Dioxin），又称二氧杂芑（qǐ），是一种无色无味、毒性严重的脂溶性物质，二噁英实际上是二噁英类（Dioxins）的一个简称，它指的并不是一种单一物质，而是结构和性质都很相似的包含众多同类物或异构体的两大类有机化合物。二噁英包括210种化合物，这类物质非常稳定，熔点较高，极难溶于水，可以溶于大部分有机溶剂，是无色无味的脂溶性物质，所以非常容易在生物体内积累，对人体危害严重。

二噁英系一类剧毒物质，其毒性相当于人们熟知的剧毒物质氰化物的130倍、砒霜的900倍。大量的动物实验表明，很低浓度的二噁英就对动物表现出致死效应。

世界卫生组织（WHO）认定，二噁英是一类剧毒物质，可导致生殖和发育问题，损害免疫系统，干扰激素。国际癌症研究机构已把二噁英列为人类的致癌物，长期摄入二噁英会牵涉到免疫系统、生殖功能、内分泌系统及发育中神经系统的损害，一些研究亦发现二噁英与人的糖尿病、甲状腺功能异常和心脏病有关。

专家表示，正常情况下，蓄意添加二噁英是不可能的；最可能是饲料被污染了，还可能是塑料垃圾污染导致水质污染，最终导致大闸蟹二噁英超标。

目前国际食品法典委员会（CAC）并没有制定"二噁英"的残留限量标准，我国虽然制定了国家标准《食品安全国家标准 食品中二噁英及其类似物毒性当量的测定》，但主要限定的是检测方法。对于食物中的二噁英和二噁英样多氯联苯含量限量标准，目前仍是空白。为何不制定标准呢？这是因为二噁英的含量通常在皮克级，属于"超痕量检测"。不仅检测设备动辄数百万元，一个样品的检测费用也高达1万元左右。制定标准是高成本的管理手段，而目前的二噁英污染水平和人的摄入量还没有严重到必须用标准来限制的地步。香港目前的执行限量是参照欧盟标准，每克蟹肉6.5皮克。按照联合国粮农组织和世界卫生组织的建议，60千克重的成年人每月摄入的二噁英不超过4200皮克就没事，欧盟的建议是3600皮克。

三、孔雀石绿事件

2005年6月5日，英国《星期日泰晤士报》报道：英国食品标准局在英国一家知名的超市连锁店出售的鲑鱼体内发现"孔雀石绿"。有关方面将此事迅速通报给欧洲国家所有的食品安全机构，发出食品安全警报。英国食品标准局发布消息说，任何鱼类都不允许含有此类致癌物质，新发现的有机鲑鱼含有孔雀石绿的化学物质是"不可以接受的"。

由此，2005年7月7日，国家农业部办公厅向全国各省、自治区、直辖市下发了《关于组织查处"孔雀石绿"等禁用兽药的紧急通知》，在全国范围内严查违法经营、使用"孔雀石绿"的行为。

孔雀石绿是一种带有金属光泽的绿色结晶体，又名碱性绿、严基块绿、孔雀绿，其既是杀真菌剂，又是染料，易溶于水，溶液呈蓝绿色；溶于甲醇、乙醇和戊醇。长期以来，渔民都用它来预防鱼的水霉病、鳃霉病、小瓜虫病等，而且为了使鳞受损的鱼延长生命，在运输过程中和存放池内，也常使用孔雀石绿。科研结果表明，孔雀石绿在鱼内残留时间太长，且孔雀石绿具有高毒素的副作用。它能溶解很多的锌，引起水生动物急性锌中毒；能引起鱼类的鳃和皮肤上皮细胞轻度炎症，使肾管腔有轻度扩张，肾小管壁细胞的细胞核也扩大；还影响鱼类肠道中的酶，使酶的分泌量减少，从而影响鱼的摄食及生长。美国国家毒理学研究中心研究发现，给予小鼠无色孔雀石绿104周，其肝脏肿瘤明显增加。试验还发现，孔雀石绿能引起动物肝、肾、心脏、脾、肺、眼睛、皮肤等脏器和组织中毒。鉴于此，许多国家均将孔雀石绿列为水产养殖禁用药物。遗憾的是，由于没有低廉有效的替代品，孔雀石绿在水产养殖中的使用屡禁不止。

孔雀石绿在水生动物体内迅速代谢成无色孔雀石绿，而无色孔雀石绿的毒性甚至超过孔雀石绿，所以通常将孔雀石绿和无色孔雀石绿的总量作为动物源性食品中孔雀石绿残留的限量指标。孔雀石绿的检测方法包括：薄层层析法、分光光度法、高效液相色谱法、液相色谱–质谱联用法、气相色谱–质谱联用法等。

四、养殖海参大量使用抗生素事件

据2014年9月9日央视新闻报道，辽宁大连普兰店市皮口镇，是大连周边海域养殖海参最大的一片区域，面积有93平方千米，密密麻麻分布着大量的海参养殖圈。为了防止海参的生病，提高海参幼苗成活率，养殖户会在参苗池里大量添加头孢、青霉素等。海参养殖添加大量的药物，已不是秘密，除了抗生素还要投药杀死海参圈里的其他生物，以便其他生物不会与海参争营养，所以海参圈周边水质较差，导致近海物种几乎灭绝。

抗生素（antibiotic）是由微生物（包括细菌、真菌、放线菌属）或高等动植物在生活过程中所产生的具有抗病原体或其他活性的一类次级代谢产物，能干扰其他生活细胞发育功能及发挥作用的化学物质。抗生素以前被称为抗菌素，事实上它不仅能杀灭细菌，而且对霉菌、支原体、衣原体、螺旋体、立克次体等其他致病微生物也有良好的抑制和杀灭作用，后来将抗菌素改称为抗生素。抗生素可以是某些微生物生长繁殖过程中产生的一种物质，用于治病的抗生素除由此直接提取外；还有完全用人工合成或部分人工合成的。通俗地讲，抗生素就是用于治疗各种非病毒感染的药物。

抗生素的滥用在中国养殖业形成恶性循环，引发的食品安全问题非常严重。长期食用"有抗食品"，消费者的耐药性也会不知不觉增强，等于在人体内埋下一颗"隐形炸弹"，一旦患病，很可能无药可治。

在水产养殖中抗生素滥用的现象是比较普遍的，而滥用抗生素的危害也是很多的：首先，可以导致致病菌耐药。滥用抗生素无疑是对致病菌抗药能力的"锻炼"，在绝大多数普通细菌被杀灭的同时，原先并不占优势的具有抗药性的致病菌却存留了下来，并大量繁衍。而且由于药物长期刺激，使一部分致病菌产生变异、成为耐药菌株。这种耐药性既会被其他细菌所获得，也会遗传给下一代。"超级细菌"很大程度上就是抗菌药物滥用催生出来的。如果这种情况继续恶化下去，很可能使人类也面临感染时无药可用的境地。

其次，滥用抗生素导致二重感染发生。当用预防剂量的抗生素药物抑制或杀死敏感的细菌后，有些不敏感的细菌或霉菌却继续生长繁殖，造成新的感染，这就是"二重感染"。这在长期滥用抗菌药物的过程中很多见。因此导致有效治疗困难，水产养殖动物的病死率很高。

其三，抗生素的毒副作用也很强。"是药三分毒"，擅自加大抗菌药物（包括抗生素和人工合成的抗菌药，如氟哌酸）的药量，则很可能损伤动物的神经系统、肾脏、血液系统。尤其是对肝肾功能出现异常的动物，因此，即使使用抗生素治疗水产养殖动物的疾病，也要慎重使用抗生素。

五、毒海带事件

2003年12月，杭州市工商部门正式公布历经半个多月所调查的"毒海带"事件。江干笕桥工商所的执法人员在农贸市场日常巡查时，对一些摊位上特别鲜绿的海带起了疑心，受调查的摊户表示，这些货是由山东直接发货的，属海带最新品种。工商执法人员对部分摊户再次深入调查。有摊户承认，这些看起来特别鲜嫩的海带是从农都农副产品综合市场一个名叫陈华松的摊户处进的，有很多人从他那里进货。

获悉情况后，执法人员立即对陈华松位于石桥路128号的海带仓库突击检查。仓库里堆放着大量干海带，一个角落里的化学品，引起执法人员的重视。两袋外包装上写着"保险粉"的白色粉末状化学品，学名为连二亚硫酸钠，其生产企业是广东中城化工有限公司；还有一种标明"碱性品绿"装在黑色塑料桶中的绿色结晶状化学品。执法人员现场做试验，证明了那些特别鲜绿的海带是用这些化学品调配后，由干海带浸泡而成。在事实面前，陈华松交代了生产毒海带的具体方法：每10箱海带用50克碱性品绿和200克连二亚硫酸钠加水浸泡一夜。

浙大化学系陈博士解释，孔雀石绿是一种带有金属光泽的绿色结晶体，又名碱性绿、严基块绿、孔雀绿。"它的属性是易溶于水，溶液呈蓝绿色，是有毒的三苯甲烷类化学物化工产品。既是杀真菌剂，又是染料。"

陈博士说，这种化工产品，具有较高毒性、高残留性。长期服用后，容易导致人体得癌症、婴儿畸变等，对人体绝对有害。海带本身绿色并不是水溶性色素，因此泡水不会褪色。只有加了工业染料的海带，才会让水变成绿色。购买海带时，不光要关注海带的颜色，更要看看摊贩浸泡海带时水的颜色，或买回家浸泡一会儿。正常的海带不会使水变色，一旦析出绿色，建议不要食用。

2002年5月，中国农业部已将"孔雀石绿"列入《食品动物禁用的兽药及其化合物清单》，但一直以来，很多不法摊贩，为了水产品更好卖，都用其来浸泡海带，给海带染色。添加之后的海带看起来碧绿鲜嫩，肉质肥厚有光泽，相当诱人。

六、福寿螺事件

2006年6月24日，北京市友谊医院热带病门诊接诊一位病人，临场诊断为嗜酸性粒细胞增多性脑膜炎。据悉，这位病人于5月22日在北京蜀国演义酒楼食用过"凉拌螺肉"，随后出现双侧肋部及颈部皮肤感觉异常、有刺痛感等症状。同一天进餐的两个同事也出现了相同症状。

2006年6月25日，北京友谊医院临床医生到西城区北京蜀国演义酒楼和该酒楼朝阳区劲松分店紧急调查，发现该酒楼销售的"凉拌螺肉"为"福寿螺"，并检测出在12只螺中有2只有广州管圆线虫幼虫。

截止到8月23日下午7点，北京市因为食用凉拌螺肉染上"广州管圆线虫病"的患者总共有87例，同时也有几位患者康复出院。

有研究证明，每只福寿螺内含广州管圆线幼虫多达3000~6000条！线虫幼虫会在人体内完成生长，分雄雌，可在体内产卵繁殖。如果生吃或食用未煮熟的螺肉，极易引起食源性管圆线虫病。广州管圆线虫病是广州管圆线幼虫寄生于人体中枢神经系统而引发的疾病，福寿螺是广州管圆线虫重要的中间宿主。专家指出，广州管圆线虫的幼虫侵入人体后会在人体内移行，侵犯人体中枢神经系统，病变集中在脑组织。患者的临床症状主要为急性剧烈头痛；其次为恶心、呕吐、低到中度发热及颈项强直。少数患者可出现面瘫及感觉异常，如麻木、烧灼感等。严重病例可能瘫痪、嗜睡、昏迷，甚至死亡。

第四章 畜禽及其制品

第一节 样品的分类

目前，人类已经驯化或驯养的动物种类共有40多个，在这些驯化的动物中，又有许多经自然和人工选择而形成的数以千计的畜禽品种。

品种分类的方法不同，因其结构不同、研究目的和手段不同而有很多种。有的按原产地特点来分类，如将绵羊分为山地、丘陵、平原、洼地等品种；有的按体型结构和体格大小，分为轻型、重型或大型、小型；有的按性成熟时间的早晚，分为早熟品种和晚熟品种；有的按外貌特征分类，如猪分为大耳、小耳；有的按产品类型分类，如猪分为脂肪型、鲜肉型、腌肉型或瘦肉型，绵羊分为细毛型、中毛型、长毛型、杂毛型和地毯毛型；还有采用形态学标记、细胞遗传学标记、免疫遗传学标记、生化遗传学标记、分子遗传学标记等技术方法研究品种遗传结构，在全面了解品种基因库中的遗传变异程度及分布情况后，科学地判定其亲缘关系，然后进行合理地分类等。目前畜禽生产中较常用而且实用的分类方法主要有三种，即按品种的体型外貌特征、品种的培育程度和品种的经济用途来分类。

一、按体型和外貌特征分类

1. 按体型大小分类

可将畜禽分为小型、中型、大型三种。例如家兔有小型品种（成年体重2.5kg以下）、中型品种（成年体重3~5kg）、大型品种（成年体重5kg以上）；马有小型马或矮马（中国云南的矮马和阿根廷的微型马）、中型马（蒙古马）、重型马（重挽马）。

2. 按尾的长短或大小分类

绵羊有大尾品种（大尾寒羊）、小尾品种（小尾寒羊）以及脂尾品种（乌珠穆沁羊）等。

3. 按毛色或羽色分类

猪有黑、白、花斑、红等品种；鸡的芦花羽、白羽、红羽等都是重要的品种特征；某些绵羊品种的黑头、喜马拉雅兔的八点黑等也都是典型的品种特征。

4. 按角的有无分类

根据角的有无可将牛、绵羊分为有角品种和无角品种。绵羊还有公羊有角、母羊无角等品种。

5. 按鸡的蛋壳颜色分类

有褐壳（红壳）品种、青壳（绿壳）品种和白壳品种等。

6. 按骆驼的峰数分类

有单峰驼和双峰驼。

二、按培育程度分类

1. 原始品种

一般都是较古老的品种，是驯化以后，长期放牧或饲养管理粗放的条件下，未经严格、系统的人工选择而形成的品种。例如蒙古牛、天祝牦牛、藏羊、哈萨克羊、民猪、藏猪、仙居鸡等都属于这类品种。原始品种通常按其原产地或自身特征命名，其共同特点是：

（1）晚熟，体格相对较小；

（2）体型结构协调，生长发育缓慢，生产水平低但较全面；

（3）体质粗糙，耐粗耐劳，有很强的适应自然的能力，抗病力强。

因此，对当地自然条件具有很强适应性的原始品种，是培育能适应当地自然条件而又高产的新品种所必需的原始材料。有些原始品种也就是地方品种，这类品种一般只生活于一定的地理区域和气候环境内，所以又称其为土著品种或土种。在地方品种中，有不少是原始品种经过系统选育而成的，其培育程度高，生产性能也较好。例如金华猪、湖羊、伊犁马、关中驴、秦川牛、北京鸭、狮头鹅、狼山鸡等，这些地方品种也称为地方良种。

2. 培育品种

培育品种是人们有明确的育种目标，在遗传育种理论和技术指导下，经过较系统的人工选择过程而育成的品种。例如各种专门化的肉牛、奶牛、肉羊、瘦肉型猪、肉鸡、蛋鸡等都属于这类品种，其生产性能和育种价值都较高。培育品种大多具有下述特点。

（1）分布广泛，往往超出原产地范围。如荷斯坦牛、长白猪、来航鸡等已遍布全球。

（2）生产性能水平高，而且比较专门化。

（3）体型较大，早熟，即能在较短时期内达到成熟。

（4）品种结构复杂。一般来说，原始品种的结构只有地方类型，而培育品种因人工选择，除地方类型和育种场类型外，还有许多品系和类群。

（5）育种价值高，与其他品种杂交时，能起到改良作用。

（6）对饲养管理条件和育种技术要求较高。

（7）适应性、抗病力和抗逆性均比原始品种差。

三、按经济用途分类

由于现代培育品种多为定向培育而成，故常用此法进行分类，一般分为专用品种和兼用品种。专用品种又称专门化品种，经人类长期选择和培育，品种的某些特征获得了显著发展或某些组织器官产生了突出的变化，从而形成了专门的生产力。兼用品种也称综合品种，即兼有两种以上生产力方向的品种。

1. 牛

牛分为乳用、肉用、乳肉兼用、肉乳兼用、役用等。

2. 马

马分为乘用、驮用、挽用、竞技用、乳用、肉用和兼用品种。

3. 绵羊

绵羊分为肉用、羔皮用、裘皮用、毛用（细毛、半细毛、粗毛、长毛、短毛）以及侧重点不同的各种兼用品种。

4. 山羊

山羊分为肉用、毛皮用、乳用、绒用和兼用品种。

5. 猪

猪分为脂肪型、鲜肉型、瘦肉型和兼用型等。

6. 鸡

鸡分为肉用、蛋用、药用、观赏用和兼用品种。

7. 兔

兔分为毛用、裘皮用、肉用和兼用品种等。

8. 鸽

鸽分为肉用、信鸽等。

第二节　样品的采集

一、初级产品采集

（一）养殖场（厂）抽样

抽样时，应考虑动物的品种、性别、年龄、饲养管理和所用药物的品种及用量等要素。此外，还应根据具体情况考虑情况：有无使用过违禁药品或有毒、有害物质的迹象；有无第二性征及行为异常变化；有无畜禽种群发育水平与体态异常。

1. 抽样个数

根据动物饲养基数计算抽样数，进行鸡、鸡蛋、鸭蛋、尿液中违禁药物检测。

（1）猪、羊（尿样、血液）　抽样数见表4-1。

表4-1　猪、羊（尿样、血液）抽样数

动物数量（样本数）	抽样数（个）
≤500	3
501~1000	7

续表

动物数量（样本数）	抽样数（个）
1001~5000	10
5001~10000	12
>10000	15

（2）牛（尿样、血液、乳） 抽样数见表4-2。

表4-2 牛（尿样、血液、乳）抽样数

动物数量（样本数）	抽样数（个）
≤50	5
51~100	8
101~500	12
>500	15

（3）家禽（蛋） 抽样数见表4-3。

表4-3 家禽（蛋）抽样数

动物数量（样本数）	抽样数（个）
≤1000	2
1001~5000	3
5001~10000	5
>10000	8

2.抽样要求

（1）血样 清晨饲喂前，从颈静脉或前腔静脉取全血加抗凝剂。

（2）尿样 用清洁的一次性杯，收集尿液100~200mL。

（3）蛋 从产蛋架上抽取，取样数量不少于6~10枚。

（4）乳 从混合乳中抽取，取样量不少于200mL。

（5）蜂蜜 从每个蜂场抽取10%的蜂群，每一群随机取1张未封蜂坯，用分蜜机分离后取100g。

二、屠宰加工厂采集

1. 抽样数量

在屠宰线上，根据屠宰场（厂）规模，按屠宰数量抽样。

（1）家畜　屠宰量抽样数见表4-4。

表4-4　家畜屠宰量抽样数

屠宰量（样本数，头）	抽样数（个）
≤100	5
101~500	8
501~2000	10
>2000	15

（2）家禽及兔　屠宰量抽样数见表4-5。

表4-5　家禽及兔屠宰量的抽样数

屠宰量（样本数，头）	抽样数（个）
≤1000	1
1001~5000	3
5001~10000	5
>10000	8

2. 组织样品的组成

畜禽品种的组织样品组成见表4-6。

表4-6　畜禽品种的组织样品组成

动物品种	肌肉	肝	肾	脂肪
牛、羊、猪	300~500g	400~500g（取整叶）	双肾各取1/2	200g
鸡、鸭、鹅	全部胸	取5只鸡全肝	6只鸡双侧全肾	6只鸡脂肪
兔	全部背	取5只兔全肝	5只兔全肾	5只兔脂肪

3. 尿样（牛、猪）

收集膀胱中尿液100~200mL。

三、冷库采集

冷库采集时，可按检验批量抽样（表4-7）也可按批货质量抽样（表4-8）。

如货物批量较大，以不超过2500件（箱）为一检验批，如货物批量较小，少于2500件时，均按下述原则抽取样品数，每件（箱）抽取一包，每包抽取样品不少于50g，总量应不少于1kg。

表4-7　冷库采集时，按检验批量抽样

检验批量（件）	最少抽样数（件）
1~25	1
26~100	5
101~250	10
251~500	15
501~1000	17
1001~2500	20

表4-8　冷库采集时，按批货质量抽样

批货质量（kg）	抽样数（件）
≤50	3
51~500	5
501~2000	10
>2000	15

每件抽样量一般为50~300g，总量不少于500g。

四、样品的分割

分割样品时，应在抽样现场分割、封识。抽样单位和被抽样单位应同时在封识和抽样单上签字。每个样品都应分成三份相同的小样，1份样品留被抽样单位保存、1份样品送检、1份样品留抽样单位保存；每个小样的数量都应能满足每次进行完整分析的需要。分样时，必须避免污染或任何能引起残留物含量变化因素的产生。

五、样品的贮存和运输

为确保被分析物的稳定性和样品的完整性，采集的样品应由专人妥善保存，并在规定时间内送达检测单位。抽样单位填写送样单一式两份，由抽样单位送样人签名后保存一份，另一份随样品送到检验单位。

贮存和运输应按以下要求操作：

（1）取样后样品应立即在−20℃以下保存（蜂蜜−10℃以下保存，鸡蛋2~8℃保存）；将样品盒放入干净容器（如硬纸板箱、塑料泡沫箱）中密封装运，在0~5℃条件下48h内送达检测单位；

（2）运输工具应保持清洁、无污染；

（3）防止贮存地点和装卸地点可能造成的污染。

第三节　样品的制备及贮存

一、畜肉的制备及贮存

生肉及脏器检样进行处理时，先将检样进行表面消毒，可在沸水内烫3~5s或采用火焰灼烧法，再用无菌剪子剪取检样深层肌肉25g，放入无菌乳钵内剪碎后，加灭菌海砂或玻璃砂研磨，磨碎后加入灭菌水225mL，混匀或用均质器以8000~10000r/min、均质1min后即为1∶10稀释液。

注：以上样品的采集和送检及检样的处理均以通过检验细菌含量来判断其肉类新鲜度为目的。如必须检验肉禽及其制品受外界环境污染的程度或检索其是否带有某种致病菌，应用棉拭采样法。

二、禽肉的制备及贮存

禽类（包括家禽和野禽）鲜、冻家禽采取整只，放置于无菌容器内。检验前先将检样进行表面消毒，用灭菌剪子或刀去皮后，一般可从胸部或腿部剪取肌肉25g，以下处理与生肉相同。带毛野禽处理时先去毛，其余与家禽检样处理相同。

第四节　样品的检验

一、强力霉素的检验

1. 参考方法

GB/T 21317—2007《动物源性食品中四环素类兽药残留量检测方法 液相色谱质谱/质谱法与高效液相色谱法》。

2. 适用范围

本标准适用于动物源性食品中强力霉素残留量检测的制样方法、高效液相色谱检测方法和液相色谱–质谱/质谱确证方法。

本标准适用于动物肌肉、内脏组织、水产品、牛乳等动物源性食品中强力霉素残留量的液相色谱–质谱/质谱测定。

3. 实验原理

试样中强力霉素残留用 $0.1mol/L$ $Na_2EDTA–Mcllvaine$ 缓冲液（pH $4.0±0.05$）提取，经过滤和离心后，上清液用 HLB 固相萃取柱净化，高效液相色谱仪或液相色谱电喷雾质谱仪测定，外标峰面积法定量。

4. 仪器与设备

（1）液相色谱–串联四极杆质谱仪：配有电喷雾离子源。

（2）电子天平：感量为 $0.0001g$。

（3）离心机：10000r/min。

（4）pH计。

（5）固相萃取装置。

（6）氮吹仪。

（7）涡旋混合器。

（8）恒温振荡器。

（9）组织匀浆机。

5. 样品的制备与贮存

（1）动物肌肉、肝脏、肾脏和水产品　从所取全部样品中取出约 500g，用组织捣碎机充分捣碎均匀，均分成两份，分别装入洁净容器中，密封，并标明标记，于-18℃以下冷冻存放。

（2）牛乳样品　从所取全部样品中取出约500g，充分摇匀，均分成两份，分别装入洁净容器中，密封，并标明标记，于-18℃以下冷冻存放。

6. 测定步骤

（1）提取

动物肝脏、肾脏、肌肉组织、水产品：称取均质试样5g（精确到0.01g），置于50mL聚丙烯离心管中；分别用约20、20、10mL 0.1mol/L Na_2EDTA-Mcllvaine缓冲液冰水浴超声提取三次，每次旋涡混合1min后超声提取10min；3000r/min离心5min（温度低于15℃）；用快速滤纸过滤，待净化。

牛乳：称取混匀试样5g（精确到0.01g），置于50mL比色管中；用0.1mol/L Na_2EDTA-Mcllvaine缓冲液溶解并定容至50mL，旋涡混合1min后冰水浴超声10min，转移至50mL聚丙烯离心管中，冷却至0~4℃；5000r/min离心10min（温度低于15℃），用快速滤纸过滤，待净化。

（2）净化　准确吸取10mL提取液（相当于1g样品）以1滴/s的速度过HLB固相萃取柱；待样液完全流出后，依次用5mL水和5mL甲醇-水（1+19，V/V）淋洗，弃去全部流出液；2.0kPa以下减压抽干5min；最后用10mL甲醇-乙酸乙酯（1+19，V/V）洗脱；将洗脱液吹氮浓缩至干（温度低于40℃），用1.0mL（液相色谱-质谱/质谱法）或0.5mL（高效液相色谱法）甲醇-三氟乙酸水溶液（1+19，V/V）溶解残渣，经0.45μm滤膜，待测定。

（3）测定

①液相色谱参考条件

色谱柱：Inertsil C8-3，2.1mm（内径）× 150mm，5μm，或相当者。

流动相：A，10mmol/L三氟乙酸；B，甲醇。梯度洗脱，参考梯度条件见表4-9。

表4-9 流动相梯度洗脱程序

时间（min）	流动相A（%）	流动相B（%）
0.00	95.0	5.0
5.00	70.0	30.0
10.00	66.5	33.5
12.00	35.0	65.0
17.50	35.0	65.0
18.00	95.0	5.0
25.00	95.0	5.0

流速：0.3mL/min。

柱温：30℃。

进样量：30μL。

②质谱条件

电离源：电喷雾正离子模式。

雾化气：6.00L/min。

气帘气：10.00L/min。

脱溶剂气温度：500℃。

脱溶剂气流量：7.00L/min。

碰撞气：6.00L/min。

扫描模式：多反应监测（MRM），母离子m/z445，定量子离子m/z428，定性子离子m/z154。

碰撞能量：m/z445>428为29eV，m/z428>154为37eV。

参考保留时间：16.7min。

③定性测定：测定目标化合物的质谱定性离子必须出现，至少应包括一个母离子和两个子离子，而且同一检测批次，对同一化合物，样品中目标化合物的两个子离子的相对丰度比与浓度相当的标准溶液相比，其允许的偏差见表4-10。

表4-10　定性时相对离子丰度的最大允许偏差

相对离子丰度（%）	>50	>20~50	>10~20	≤ 10
允许的相对偏差（%）	± 20	± 25	± 30	± 50

④定量测定：根据样液中强力霉素残留的含量情况，选定峰高相近的标准工作溶液。标准工作溶液和样液中强力霉素残留的响应值均应在仪器的检测线性范围内。对标准工作溶液和样液等体积参插进样测定。

7. 结果计算

采用外标法定量，按下式计算试样中强力霉素残留量：

$$X = \frac{A_x \times \rho_s \times V}{A_s \times m}$$

式中　　X ——样品中待测组分的含量，单位为微克每千克（μg/kg）；

A_x ——测定溶液中待测组分的峰面积；

ρ_s ——标准液中待测组分的含量，单位为微克每升（μg/L）；

V ——定容体积，单位为毫升（mL）；

A_s ——标准液中待测组分的峰面积；

m ——最终样液所代表的样品质量，单位为克（g）。

8. 测定低限

强力霉素的测定低限（LOQ）为50.0μg/kg。

二、瘦肉精的检验

1. 参考方法

GB/T 22286—2008《动物源性食品中多种β-受体激动剂残留量的测定 液相色谱串联质谱法》。

2. 适用范围

本标准规定了动物源性食品中沙丁胺醇、特布他林、塞曼特罗、塞布特罗、莱克多巴胺、克仑特罗、溴布特罗、苯氧丙酚胺、马布特罗、马贲特罗、溴代克仑特罗残留量的液相色谱–质谱/质谱测定方法。

本标准适用于猪肉和猪肝中沙丁胺醇、特布他林、塞曼特罗、塞布

特罗、莱克多巴胺、克仑特罗、溴布特罗、苯氧丙酚胺、马布特罗、马
贲特罗、溴代克仑特罗残留量的检测。

本方法中沙丁胺醇、特布他林、塞曼特罗、塞布特罗、莱克多巴胺、
克仑特罗、溴布特罗、苯氧丙酚胺、马布特罗、马贲特罗、溴代克仑特
罗的检出限均为0.5μg/kg。

3. 实验原理

试样中的残留物经酶解，用高氯酸调pH，沉淀蛋白后离心，上清液
用异丙醇–乙酸乙酯提取，再用阳离子交换柱净化，液相色谱–串联质谱
法测定，内标法定量。

4. 仪器与设备

（1）液相色谱–串联四极杆质谱仪：配有电喷雾离子源。

（2）离心机：10000r/min。

（3）pH计。

（4）真空过柱装置。

（5）氮吹仪。

（6）涡旋混合器。

（7）恒温振荡器。

（8）组织匀浆机。

（9）超声波发生器。

5. 样品制备

（1）提取　准确称取2g（精确至0.01g）试样于50mL具塞塑料离心管
中，加入8mL乙酸钠缓冲液，充分混匀，加入50μL β–葡萄糖醛酸酶/芳
基硫酸酯酶，混匀后，37℃水浴12h。

准确加入内标溶液（10ng/L）100μL于待测样品中，涡旋混匀，于
0~4℃条件下10000r/min离心10min，取4mL上清液加入0.1mol/L高氯酸溶
液5mL，混合均匀，用高氯酸调节pH到1±0.3，于0~4℃条件下5000r/min
离心10min后，将上清液转入50mL离心管中，用10mol/L的氢氧化钠溶
液调节pH到11。再加入10mL饱和氯化钠溶液和10mL异丙醇–乙酸乙
酯（6+4）混合溶液，充分提取，再5000r/min离心10min。转移全部有机

相，在40℃水浴下用氮气吹干，加入5mL乙酸钠缓冲液，超声混匀后备用。

（2）净化　将阳离子交换小柱连接到真空过柱装置上。将样液上柱，依次用2mL水、2mL 2%甲酸水溶液和2mL甲醇洗涤柱子并彻底抽干，用2mL的5%氨水甲醇溶液洗脱柱子上的待测成分，流速控制在0.5mL/min。洗脱液在40℃水浴下用氮气吹干。

准确加入200μL 0.1%甲酸/水–甲醇溶液（95+5），超声均匀，将溶液转移到1.5mL离心管中，15000r/min离心10min，取上清液供液相色谱–串联质谱测定。

6. 液相色谱串联质谱测定

（1）仪器条件

①液相色谱参考条件

色谱柱：Waters ATLANTICS C_{18}柱（2.1mm（内径）×150mm，5μm），或相当者。

流动相：A，0.1%甲酸–水；B，0.1%甲酸–乙腈。梯度洗脱，参考梯度条件见表4–11。

表4–11　梯度淋洗表

时间（min）	流动相A（%）	流动相B（%）
0.00	96.0	4.0
2.00	96.0	4.0
8.00	20.0	80.0
21.00	77.0	23.0
22.00	5.0	95.0
25.00	5.0	95.0
25.50	96.0	4.0

流速：0.2mL/min。

柱温：30℃。

进样量：20μL。

②质谱条件

电离源：电喷雾正离子模式。

扫描方式：多反应监测（MRM）。

监测离子对及保留时间见表4-12。

表4-12　被测物的母离子和离子参数表

被测物	母离子（m/z）	子离子（m/z）	定量子离子（m/z）	保留时间（min）	被测物	母离子（m/z）	子离子（m/z）	定量子离子（m/z）	保留时间（min）
沙丁胺醇	240	148、222	148	6.16	特布他林	226	152、125	152	6.24
塞曼特罗	202	160、143	160	7.01	塞布特罗	234	160、143	160	11.07
莱克多巴胺	302	164、284	164	14.65	克仑特罗	277	203、259	203	15.66
溴代克仑特罗	323	249、168	249	16.52	溴特罗	367	293、349	293	17.47
苯氧丙酚胺	302	150、284	150	18.72	马布特罗	311	237、293	237	18.77
马贲特罗	325	237、217	237	23.11	克仑特罗-D₉	286	204	204	6.10
沙丁胺醇-D₃	243	151	151	15.60					

（2）液相色谱-串联质谱确证　按照上述液相色谱-串联质谱条件测定样品和标准工作液，如果检出的质量色谱峰保留时间与标准样品一致，并且在扣除背景后的样品谱图中，各定性离子的相对丰度与浓度接近的同样条件下得到的标准溶液谱图相比，误差不超过下表规定的范围，则可判定样品中存在对应的被测物。

表4-13　定性确证时相对离子丰度的最大允许误差

相对离子丰度（%）	>50	>20~50	>10~20	≤10
允许的相对偏差（%）	±20	±25	±30	±50

（3）空白试验　除不加试样外，均按上述测定步骤进行。

7. 结果计算

按下式计算试样中沙丁胺醇、特布他林、塞曼特罗、塞布特罗、莱克多巴胺、克仑特罗、溴布特罗、苯氧丙酚胺、马布特罗、马贲特罗、溴代克仑特罗残留量。计算结果需扣除空白值。

沙丁胺醇-D₃作为沙丁胺醇、特布他林和莱克多巴胺的内标物质，克仑特罗–D$_9$作为其余β–受体激动剂的内标物质。

$$X = \frac{c \times c_i \times A \times A_{si} \times V}{c_{si} \times A_i \times A_s \times m}$$

式中　　X——样品中被检测物残留量，单位为微克每千克（μg/kg）；

c——沙丁胺醇、特布他林、塞曼特罗、塞布特罗、莱克多巴胺、克仑特罗、溴布特罗、苯氧丙酚胺、马布特罗、马贲特罗、溴代克仑特罗标准工作液的浓度，单位为微克每升（μg/L）；

c_{si}——标准工作溶液中内标物的浓度，单位为微克每升（μg/L）；

c_i——样液中内标物的浓度，单位为微克每升（μg/L）；

A_s——沙丁胺醇、特布他林、塞曼特罗、塞布特罗、莱克多巴胺、克仑特罗、溴布特罗、苯氧丙酚胺、马布特罗、马贲特罗、溴代克仑特罗标准工作溶液的峰面积；

A——样液中沙丁胺醇、特布他林、塞曼特罗、塞布特罗、莱克多巴胺、克仑特罗、溴布特罗、苯氧丙酚胺、马布特罗、马贲特罗、溴代克仑特罗的峰面积；

A_{si}——标准工作溶液中内标物的峰面积；

A_i——样液中内标物的峰面积；

V——样品定容体积，单位为毫升（mL）；

m——样品称样量，单位为克（g）。

8. 测定低限

本方法的测定低限（LOQ）为0.5μg/kg。

三、苏丹红的检验

1. 参考方法

GB/T 19681—2005《食品中苏丹红染料的检测方法 高效液相色谱法》。

2. 适用范围

本标准适用于食品中苏丹红染料的检测。

本标准规定了食品中苏丹红Ⅰ、苏丹红Ⅱ、苏丹红Ⅲ、苏丹红Ⅳ的高效液相色谱测定方法。

方法最低检测限：苏丹红Ⅰ、苏丹红Ⅱ、苏丹红Ⅲ、苏丹红Ⅳ均为10μg/kg。

3. 实验原理

样品经溶剂提取、固相萃取净化后，用反相高效液相色谱−紫外可见光检测器进行色谱分析，采用外标法定量。

4. 仪器与设备

（1）高效液相色谱仪（配有紫外−可见光检测器）。

（2）分析天平：感量0.1mg。

（3）旋转蒸发仪。

（4）均质机。

（5）离心机。

（6）0.45μm有机滤膜。

5. 分析步骤

（1）样品制备　称取香肠等肉制品粉碎样品10~20g（准确至0.01g）于三角瓶中，加入60mL正己烷充分匀浆5min；滤出清液，再以20mL×2次正己烷匀浆，过滤；合并3次滤液，加入5g无水硫酸钠脱水；过滤后于旋转蒸发仪上蒸制5mL以下，慢慢加入氧化铝层析柱中（中性，100~200目，为保证层析效果，在柱中保持正己烷液面为2mm左右时上样，在全程的层析过程中不应使柱干涸，用正己烷少量多次淋洗浓缩瓶，一并注入层析柱）；控制氧化铝表层吸附的色素带宽宜小于0.5cm，待样液完全流出后，视样品中含油类杂质的多少用10~30mL正己烷洗柱，直至流出液无色，弃去全部正己烷淋洗液；用含5%丙酮的正己烷液60mL洗脱，收集、浓缩后，用丙酮转移并定容至5mL，经0.45μm有机滤膜过滤后待测。

（2）推荐色谱条件

①色谱柱：Zorbax SB-C_{18}柱，3.5μm，4.6mm×150mm（或相当型号色谱柱）。

②流动相：A，0.1%甲酸的水溶液：乙腈=85：15；B，0.1%甲酸的乙腈溶液：丙酮=80：20。梯度洗脱，参考梯度条件见表4-14。

表4–14　梯度条件

时间（min）	流动相A（%）	流动相B（%）
0.00	25.0	75.0
10.00	25.0	75.0
25.00	0.0	100.0
32.00	0.0	100.0
35.00	25.0	75.0
40.00	25.0	75.0

③流速：1mL/min。

④柱温：30℃。

⑤检测波长：苏丹红Ⅰ478nm；苏丹红Ⅱ、苏丹红Ⅲ、苏丹红Ⅳ520nm；于苏丹红Ⅰ出峰后切换。

⑥进样量：10μL。

6. 结果计算

$$R = \frac{C \times V}{m}$$

式中　　R——样品中苏丹红含量，单位为毫克每千克（mg/kg）；

　　　　C——由标准曲线得出的样液中苏丹红的浓度，单位为微克每毫升（μg/mL）；

　　　　V——样液定容体积，单位为毫升（mL）；

　　　　m——样品质量，单位为克（g）。

四、己烯雌酚的检验

1. 参考方法

GB/T 21981—2008《动物源食品中激素多残留检测方法 液相色谱–质谱/质谱法》。

2. 适用范围

本标准规定了动物源食品中激素残留量的液相色谱–质谱/质谱测定方法。

本标准适用于猪肉、猪肝、鸡蛋、牛乳、牛肉、鸡肉和虾等动物源食品中50种激素残留的确证和定量测定。

3. 实验原理

试样中的目标化合物经均质，酶解，用甲醇–水溶液提取，经固相萃取富集净化，液相色谱–质谱/质谱仪测定，内标法定量。

4. 仪器与设备

（1）液相色谱–串联四极杆质谱仪：配有电喷雾离子源。

（2）电子天平：感量为0.0001g。

（3）离心机：10000r/min。

（4）pH计。

（5）固相萃取装置。

（6）氮吹仪。

（7）涡旋混合器。

（8）恒温振荡器。

（9）组织匀浆机。

5. 试样制备

（1）动物肌肉、肝脏、虾　从所取全部样品中取出具有代表性样品约500g，剔除筋膜，虾去除头和壳。用组织捣碎机充分捣碎均匀，均分成两份，分别装入洁净容器中，密封，并标明标记，于–18℃以下冷冻存放。

（2）牛乳　从所取全部样品中取出具有代表性样品约500g，充分摇匀，均分成两份，分别装入洁净容器中，密封，并标明标记，于0~4℃以下冷藏存放。

（3）鸡蛋　从所取全部样品中取出具有代表性样品约500g，去壳后用组织捣碎机充分捣碎均匀，均分成两份，分别装入洁净容器中，密封，并标明标记，于0~4℃以下冷藏存放。

注：制样操作过程中应防止样品被污染或其中的残留物发生变化。

6. 样品处理

（1）提取　称取5g试样（精确至0.01g）于50mL具塞塑料离心管中，准确加入内标溶液（100µg/L）100µL和10mL乙酸–乙酸钠缓冲溶液（pH

为5.2），涡旋混匀，再加入β–葡萄糖醛酸酶/芳基硫酸酯酶溶液100μL，于37℃±1℃振荡酶解12h，取出冷却至室温后，加入25mL甲醇超声提取30min，于0~4℃条件下10000r/min离心10min，取将上清液转入洁净烧杯，加100mL水，混匀后待净化。

（2）净化　将固相萃取柱放在固相萃取装置上，依次加入6mL二氯甲烷–甲醇溶液（7+3，体积比）、6mL甲醇、6mL水活化萃取柱，将提取液以2~3mL/min的速度上样于活化过的ENVI–Carb固相萃取柱，将小柱减压抽干。再将活化好的氨基柱串接在ENVI–Carb固相萃取柱下方，用6mL二氯甲烷–甲醇溶液洗脱并收集洗脱液，取下ENVI–Carb小柱，再用2mL二氯甲烷–甲醇溶液洗氨基柱，洗脱液在微弱的氮气流下吹干，用1mL甲醇–水溶液溶解残渣，供仪器测定。

7. 测定

（1）液相色谱–串联质谱测定

①液相色谱参考条件

色谱柱：ACQUITY UPLC^{TM} BEH C$_{18}$柱，2.1mm（内径）×100mm，1.7μm，或相当者。

流动相：A，水；B，乙腈；梯度洗脱，参考梯度条件见表4–15。

表4–15　梯度洗脱条件

时间（min）	流动相A（%）	流动相B（%）
0.00	65.0	35.0
4.00	50.0	50.0
4.50	0.0	100.0
5.50	0.0	100.0
5.60	65.0	35.0
9.00	65.0	35.0

流速：0.3mL/min。

柱温：40℃。

进样量：10μL。

②质谱条件

电离源：电喷雾负离子模式；

毛细管电压：3.0kV；

源温度：100℃；

脱溶剂气温度：450℃；

脱溶剂气流量：700L/h；

碰撞室压力：0.31Pa（3.1×10^{-3}mbar）；

扫描模式：多反应监测（MRM），母离子 $m/z\,267.3$，定量子离子 $m/z\,251.3$，定性子离子 $m/z\,237.3$；

碰撞能量：$m/z\,267.3 > 251.3$ 为25eV，$m/z\,267.3 > 237.3$ 为28eV；

保留时间：4.68min。

（2）定性测定　各测定目标化合物的定性以及保留时间和与两对离子（特征离子对/定量离子对）所对应的LC-MS/MS色谱峰相对丰度进行。要求被测试样中目标化合物的保留时间与标准溶液中目标化合物的保留时间一致，同时被测试样中目标化合物的两对离子对应的LC-MS/MS色谱峰丰度比与标准溶液中目标化合物的色谱峰丰度比一致，允许的偏差见表4-16。

表4-16　定性测定时相对离子丰度的最大允许偏差

相对离子丰度（%）	>50	>20~50	>10~20	≤ 10
允许的相对偏差（%）	± 20	± 25	± 30	± 50

（3）定量测定　本标准采用内标法定量。每次测定前配制标准系列，按照浓度由小到大的顺序，依次上机测定，得到目标化合物浓度与峰面积比的工作曲线。

8. 结果计算

按下式计算试样中检测目标化合物残留量（μg/kg）：

$$X_i = \frac{c_{si} \times V}{m}$$

式中　　X_i——试样中检测目标化合物残留量，单位为微克每千克（μg/kg）；

c_{si}——由回归曲线计算得到的上机试样溶液中目标化合物含量，单位为微克每升（µg/L）；

V——浓缩至干后试样的定容体积，单位为毫升（mL）；

m——试样的质量，单位为克（g）。

9. 测定低限和回收率

己烯雌酚的测定低限（LOQ）为0.4µg/kg。加标回收率在84.1%~110.2%之间，相对标准偏差为6.1%~18.6%。

10. 注意事项

（1）样品测试前一定要混合均匀，防止因样品不均一性引起的测试结果的偏差。

（2）石墨炭黑柱一定要抽干，否则残留的水分会将氨基柱上的基团破坏掉。

（3）在上机测试前，一般要将测试液稀释10~100倍上机测试，可减小基质效应的干扰。

五、鸡蛋中氟虫腈的检验

目前我国尚无蛋类产品中氟虫腈及其代谢物的检测方法标准，均以实验室方法为参照方法。

1. 实验原理

试样经乙腈超声提取、盐析、离心、过滤后，滤液供高效液相色谱–串联质谱测定，外标法定量。

2. 仪器和设备

（1）高效液相色谱–串联质谱仪，配有电喷雾（ESI）离子源。

（2）天平：感量分别为0.1mg和1mg。

（3）超声波发生器。

（4）涡旋混匀器。

（5）离心机：6000r/min。

（6）组织匀浆机。

3. 试样制备

取适量新鲜的样品，洗净去壳后用组织匀浆机混合均匀。

4. 分析步骤

（1）试样的提取 称取匀质试样5g（精确至0.01g），置于50mL离心管中，加入20mL乙腈，涡旋混匀1min，超声提取5min，加入2.0g氯化钠，涡旋1min，以6000r/min离心5min，将上清液转移至25mL容量瓶中，并用乙腈定容至刻度，混匀。取适量上清液过0.22μm滤膜，取续滤液，根据实际浓度适当稀释至标准曲线线性范围内，备用。

（2）基质混合标准系列工作溶液的制备 分别准确吸取混合标准液适量，加入5g空白试样中，按照上述步骤与试样同步提取，得到质量浓度分别为0.1、0.2、0.5、1.0、2.0、5.0ng/mL的基质混合标准系列工作溶液S_1~S_6，临用新制。

（3）空白试验 称取5g空白试样，按"试样的提取"同法处理，制得空白基质试样溶液，备用。

（4）液相色谱-串联质谱测定

①液相色谱条件

色谱柱：C_{18}（2.1mm × 100mm，2.7μm），或性能相当者。

流动相：A为乙酸铵的0.1%甲酸水溶液，B为甲醇，梯度洗脱程序见表4-17。

流速：400μL/min。

柱温：30℃。

进样量：2μL。

表4-17 梯度洗脱程序表

洗脱时间（min）	流动相A（%）	流动相B（%）
0.00	40.0	60.0
3.00	30.0	70.0
3.50	2.0	98.0
4.50	2.0	98.0
6.00	40.0	60.0

②质谱条件

离子源：电喷雾离子源（ESI源）。

扫描方式：负离子扫描（ESI⁻）。

检测方式：多反应离子监测（MRM）。

干燥气、雾化气、鞘气、碰撞气等均为高纯氮气或其他合适气体，使用前应调节相应参数使质谱灵敏度达到检测要求，毛细管电压、干燥气温度、鞘气温度、鞘气流量、喷嘴电压、碰撞能量等参数应优化至最佳灵敏度，监测离子对和定量离子对等信息详见表4-18。

表4-18　化合物定性、定量离子和质谱分析参数

化合物名称	母离子(m/z)	子离子(m/z)	碰撞能量(V)	保留时间（min）
氟虫腈	434.9	329.8*	15	3.69
		249.8	30	
氟甲腈	386.9	350.8*	10	3.43
		281.8	35	
氟虫腈亚砜	418.9	382.8*	10	3.91
		261.8	30	
氟虫腈砜	450.9	281.8*	30	4.11
		243.8	66	

注：*.定量离子对。

（5）定性测定　在相同试验条件下测定样品和基质混合标准系列工作溶液，记录样品和基质混合标准系列工作溶液中目标物的保留时间。若样品中检出与基质混合标准系列工作溶液中待测物保留时间一致的色谱峰，且其定性离子与浓度相当的标准溶液中相应的定性离子的相对丰度相比偏差不超过表4-19规定的范围，则可以确定样品中检出相应的待测物。

表4-19　定性确定时相对离子丰度的最大允许偏差

相对离子丰度（%）	>50	20～50	10～20	≤10
允许的相对偏差（%）	±20	±25	±30	±50

（6）定量测定　将试样溶液按仪器参考条件进行测定，得到相应样品溶液的色谱峰面积。根据标准曲线得到待测液中组分的浓度，平行测定

次数不少于两次。

5. 结果计算

将高效液相色谱–串联质谱法测得浓度代入下式计算含量：

$$X = \frac{c \times V}{m \times 1000} \times K$$

式中　　X ——试样中各待测物的含量，单位为毫克每千克（mg/kg）；

　　　　c ——从标准曲线中读出的供试品溶液中各待测物的质量浓度，单位为微克每升（μg/L）；

　　　　V ——样液最终定容体积，单位为毫升（mL）；

　　　　m ——试样溶液所代表的质量，单位为克（g）；

　　　　K ——稀释倍数。

计算结果以重复性条件下获得的两次独立测定结果的算术平均值表示，结果保留三位有效数字。

6. 精密度

在重复性条件下获得的两次独立测定结果的绝对差值不得超过算术平均值的10%。

7. 其他

当称样量为5.0g，定容体积为25mL时，本方法中氟虫腈、氟甲腈、氟虫腈亚砜、氟虫腈砜的检出限均为0.15μg/kg，定量限均为0.5μg/kg。

空白试验应无干扰。

第五节　国内重大安全事件

一、瘦肉精事件

2011年3·15特别行动中，央视曝光了双汇"瘦肉精"事件。据报道，双汇宣称"十八道检验、十八个放心"，但猪肉不检测瘦肉精。此前，河南孟州等地添加"瘦肉精"养殖的有毒生猪，顺利卖到双汇旗下公司。

"瘦肉精"猪肉遭到媒体曝光后，河南省委、省政府高度重视，第一时间采取紧急措施，立即查封了报道涉及的16家生猪养殖场，对涉嫌使用"瘦肉精"的生猪及134吨猪肉制品全部封存。农业部还派出工作组，深入各地全面彻查。另外，控制到案并采取强制措施的人员高达95人，6名违纪人员被停职或开除公职。

"瘦肉精"是一类能够促进瘦肉生长、抑制肥肉生长的物质，属于β-肾上腺素受体激动剂，对支气管、子宫和血管平滑肌β2-受体有较高的选择性激动作用，能有效地解除支气管痉挛。目前，瘦肉精大约有16种，包括盐酸克伦特罗、莱克多巴胺、沙丁胺醇、西马特罗等。它与受体结合是通过刺激蛋白（Gs）作用于腺苷酸环化酶（AC），使之活化，活化的腺苷酸环化酶使三磷酸腺苷（ATP）转变为环腺苷酸（cAMP），环腺苷酸激活蛋白激酶K（PK）或其本身被磷酸二酯酶（PDE作用而失活）促使酶的磷酸化，从而产生系列效应。研究表明，"瘦肉精"可使体内脂肪分解加强，血中游离脂肪酸增加，摄入的能量不再形成脂肪贮存于体内，而是立即为蛋白质的合成所利用，并抑制蛋白质分解和促使胰岛素释放和糖原分解加强，因此它具有营养重分配的作用。动物食用"瘦肉精"类药物后，会在内脏和组织中形成严重的蓄积性残留，其残留浓度由大到小依次为：眼组织、肺、肝、肾、脾、肌肉或脂肪。近十年来，国内外对盐酸克伦特罗在动物体内的残留进行的研究表明盐酸克伦特罗在组织中的残留与其给药剂量和休药期长短密切相关。科研人员按5mg/kg日粮添加量给予猪，连续给药21天，无休药期，盐酸克伦特罗在肝组织中的残留量可达320g/kg；停药6天后，肝组织中残留量为290g/kg；停药15天后，残留量为128g/kg；停药30天，残留量为24g/kg。

据相关研究调查表明，"瘦肉精"对猪有很大的危害性，主要表现在五个方面：一是生存能力降低，应激作用加强，对冷热气候适应性差，发生呼吸困难，尤其夏季猪群普通病增加，常造成死亡等；二是停药后脂肪快速生长，肥膘更大；三是肉品质差，宰后肌肉出现颜色加深，质地坚硬干燥；四是对动物生理产生不良效应，出现血压升高，心跳加快，呼吸加剧，体温升高，肾脏、心脏负担加重；五是残留量大，对人畜无安全性，长期使用可能导致染色体畸变，诱发恶性肿瘤。

由于瘦肉精的主要成分盐酸克伦特罗加热至172℃时才会分解，常规烹调对药物残留起不到破坏作用，因此，人们在食用含有"瘦肉精"的食品后出项中毒现象不在少数。近年来国内外发生的多种中毒事件触目惊心，如：1990年西班牙有135人因食用有盐酸克伦特罗残留的牛肝中毒；2000年10月9日在香港有57人中毒；1999年10月6日，浙江省嘉兴市57人中毒；2000年4月14日，东博罗县龙年镇30人中毒；2001年11月7日，广东河源发生大规模中毒事件，747人中毒。通过调查研究，表明人食用了残留有盐酸克伦特罗的浓度较高的动物组织会引起中毒，表现心跳加快、血压升高、心悸、头痛、恶心、呕吐、手颤等症状，严重者出现抽搐、晕厥，对患有高血压、心脏病、甲亢、前列腺肥大的患者危害更大。

基于瘦肉精对人畜的严重危害，从1986年开始，欧美等发达国家已严禁畜牧生产中应用盐酸克伦特罗。中国农业部在1997年3月以〔农牧发（1997）3号文〕严令禁止β-肾上腺素受体激动剂在动物生产中的应用。

二、美容猪蹄事件

2011年，在北京等一些大城市出现了大量的"美白"猪蹄，这些猪蹄卖相光鲜，白里透红，比普通的猪蹄大了一圈，并且日售逾千斤。实际调查发现这类猪蹄是使用多种化学添加物泡制而成的，加入火碱吸水增重，双氧水漂白，亚硝酸钠着色使肉质白里透红。2011年10月17日，通州工商分局联合公安等部门联合执法，查扣八里桥市场肉类交易厅部分在售猪蹄。

双氧水是一种强氧化剂，作为消毒剂广泛应用于医药、卫生行业。食用含有双氧水的食物，会对口腔黏膜、食道胃黏膜造成损伤，甚至引起胃穿孔。长期接触双氧水能够使DNA损伤及基因突变、诱发癌症、加速衰老、降低免疫等多种慢性疾病。在《食品安全国家标准 食品添加剂使用标准》（GB 2760—2014）中，氧化氢（双氧水）属于食品工业用加工助剂，使用时应具有工艺必要性，在达到预期目的前提下应尽可能降低使用量。且应在制成最终成品之前除去，无法完全除去的，应尽可能降低其残留量，不属于允许添加的食品添加剂。

氢氧化钠，俗称火碱，是一种具有强腐蚀性的碱，其粉尘刺激眼和呼吸道，腐蚀鼻中隔；溅到皮肤上，尤其是溅到黏膜，可产生软痂，并能渗入深层组织，灼伤后留有瘢痕；溅入眼内，不仅损伤角膜，而且可使眼睛深部组织损伤，严重者可致失明；误服可造成消化道灼伤、绞痛、黏膜糜烂、呕吐血性胃内容物、血性腹泻，有时发生声哑、吞咽困难、休克、消化道穿孔，后期可发生胃肠道狭窄。

亚硝酸钠是一种工业盐，虽然和食盐（氯化钠）很像，但有毒，不能食用。亚硝酸钠有较强毒性，人食用0.2~0.5克就可能出现中毒症状，如果一次性误食3克，就可能造成死亡。亚硝酸钠中毒的症状体征有头痛、头晕、乏力、胸闷、气短、心悸、恶心、呕吐、腹痛、腹泻，口唇、指甲及全身皮肤、黏膜紫绀等，甚至抽搐、昏迷，严重时还会危及生命。亚硝酸钠在烹调和消化过程中会和食物中的胺反应，产生致癌物质亚硝胺类化合物，过量添加则会产生大量致癌物。按国标GB 1907《食品添加剂 亚硝酸钠》生产作为食品添加剂，按GB 2760规定量添加，肉食中最大使用量是0.15g/kg，肉食中亚硝酸钠残留量在罐头中不得超过0.05g/kg；肉制品不得超过0.03g/kg。世界食品卫生科学委员会1992年发布的人体安全摄入亚硝酸钠的标准为0~0.1mg/kg体重；若换算成亚硝酸盐，其标准为0~4.2mg/kg体重，按此标准使用和食用，对人体不会造成危害。

专家称，作为加工助剂的氢氧化钠（火碱）以及过氧化氢（双氧水），不可直接接触食品；亚硝酸钠虽属食品添加剂，在生猪蹄上使用则超出了范围，属非法添加；长期摄入以上三种物质，会损害消化道黏膜和血液成分，严重可导致死亡。显然，双氧水、火碱是不允许用于食品加工的，而亚硝酸钠尽管可用于食品加工，却有严格的限量。商贩使用双氧水、火碱对猪蹄美容是违法的，而使用亚硝酸钠过量的话也属于违法。

三、苏丹红鸭蛋

2006年11月22日，国家质检总局公布了对全国蛋制品专项检查结果，结果显示有7家企业的8个批次产品涉嫌含有苏丹红，这些企业分布在北京、湖北、安徽、河北、河南、浙江等省。原来为了让鸡、鸭能生出"红心蛋""柴鸡蛋"，养禽场给鸡、鸭喂食"苏丹红Ⅳ号"，比起苏丹红Ⅰ号，苏丹红Ⅳ号不但颜色更加红艳，毒性也更大。国际癌症研究机构将苏丹红Ⅳ号列为三类致癌物。

"苏丹红"是一种化学染色剂，这种化学结构的性质决定了它具有致癌性，对人体的肝肾器官具有明显的毒性作用。苏丹红属于化工染色剂，主要是用于石油、机油和其他的一些工业溶剂中，目的是使其增色。进入体内的苏丹红主要通过胃肠道微生物还原酶、肝和肝外组织微粒体和细胞质的还原酶进行代谢，在体内代谢成相应的胺类物质。在多项体外致突变试验和动物致癌试验中发现苏丹红的致突变性和致癌性与代谢生成的胺类物质有关。1995年欧盟等国家已禁止其作为色素在食品中进行添加，对此我国也明文禁止。

四、金华敌敌畏火腿事件

2003年11月16日"敌敌畏金华毒火腿"被央视《每周质量报告》曝光，拥有1200年历史的浙江金华火腿在生产过程中，个别企业不但毫不注意卫生把关，专门有人收死猪、母猪、公猪来做火腿，特别是为了驱赶苍蝇，防止火腿生虫生蛆，金华火腿在泡制过程中竟然还大面积使用敌敌畏。报道后，当地政府立即对片子中涉及的几家企业进行关闭整顿，同时，对整个火腿生产企业进行一次地毯式的大检查。

敌敌畏是一种中等毒类有机磷杀虫剂，用来防治棉蚜等农业害虫，也用来杀死蚊、蝇等。其中毒症状主要表现为头晕、头痛、恶心呕吐、腹痛、腹泻、流口水、瞳孔缩小、看东西模糊，大量出汗、呼吸困难；严重者，全身紧束感、胸部压缩感，肌肉跳动，动作不自主，发音不清，瞳孔缩小如针尖大或不等大，抽搐、昏迷、大小便失禁，脉搏和呼吸都减慢，最后均停止。口服中毒者潜伏期短，发病快，病情严重，常见有昏迷，可在数十分钟内死亡。长期进食低剂量中毒剂量的敌敌畏对生殖、消化道、肝脏以及淋巴系统均有严重损伤，甚至会导致癌症的发生。敌敌畏对人的无作用安全剂量为每日每公斤0.033毫克。2011年，为了严厉打击食品安全生产经营中违法添加非食用物质、滥用食品添加剂，卫生部公布了敌敌畏等47种非法添加物名单，相关法律法规也表明，任何单位和个人禁止在食品中使用食品添加剂以外的任何化学物质和其他可能危害人体健康的物质，禁止在农产品种植、养殖、加工、收购、运输中使用违禁药物或其他可能危害人体健康的物质。这类非法添加行为性质恶劣，对群众身体健康危害大，涉嫌生产销售有毒有害食品等犯罪，依照法律要受到刑事追究，造成严重后果的，直至判处死刑。

五、福喜事件

2014年7月20日，据上海广播电视台电视新闻中心官方微博报道，麦当劳、肯德基等洋快餐供应商上海福喜食品公司被曝使用过期劣质肉。这家公司被曝通过过期食品回锅重做、更改保质期标印等手段加工过期劣质肉类，再将生产的麦乐鸡块、牛排、汉堡肉等售给麦当劳、肯德基、必胜客等大部分快餐连锁店。

随即，上海食品药品监督管理局将所有问题产品紧急下架，相关部门联合开展调查工作证实，福喜公司涉嫌有组织实施违法生产经营行为，主要涉案食品已基本锁定，分别为6月18日及30日利用过期原料加工的麦乐鸡、烟熏风味肉饼以及利用过期和霉变的牛肉加工的小牛排，共计5108箱。同时，上海食药监局等部门已对福喜公司下游产品展开追查、控制，初步查明，麦当劳、必胜客、汉堡王、棒约翰、德克士等9家企业使用了福喜公司的产品，目前已封存相关产品总计约100吨。涉事企业纷纷下架并封存由福喜供应的肉制品原料。上海市公安局食品药品犯罪侦查总队对"上海福喜食品有限公司涉嫌使用过期原料生产加工食品事件"进行立案调查，警方对5名涉案人员采取了刑事拘留。

肉类食品超过保质期会导致细菌大量生长，比如大肠杆菌的生长，致使蛋白质腐败变质。如果在加工的过程中，这些细菌没有被杀死，很容易造成感染性的肠道疾病；另一方面，细菌本身还会产生外毒素和内毒素，尤其是内毒素，当加热后细菌被杀死，菌体解体后，内毒素释放出来，会导致人体发病。自然界中，存在着肉毒杆菌的孢子，它是肉毒杆菌的休眠形式。变质的肉类和奶类制品，容易污染肉毒杆菌，肉毒杆菌所释放的肉毒素毒性非常强烈，会影响到人的神经系统和肌肉运动系统，严重的会引起呼吸肌麻痹，导致病人死亡。除了细菌污染导致疾病外，蛋白质自身的腐败也会致病，如可产生胺类、吲哚、硫醇、硫化氢等小分子物质，会对人体健康造成危害，严重者会诱发肿瘤的发生。

六、毒鸭血事件

央视新闻于2013年3月曝光了"毒鸭血"事件！为了获取更大利润，黑作坊将鸡牛羊血添加甲醛制成鸭血，每天都能售出1000多斤，利润极其可观。湖北十堰市公安局抓获了两名主要犯罪嫌疑人，并将1吨多未流向市场的"毒鸭血"全部销毁。

甲醛是一种有刺激性气味的无色水溶液或气体。35%~40%的甲醛水溶液（也称福尔马林）是常用来浸泡生物标本，可使蛋白质变性。大于$0.08mg/m^3$的甲醛浓度可引起眼红、眼痒、咽喉不适或疼痛、声音嘶哑、喷嚏、胸闷、气喘、皮炎等。长期低浓度接触甲醛会引起头痛、头晕、乏力、感觉障碍、免疫力降低，并可出现瞌睡、记忆力减退或神经衰弱、精神抑郁。慢性中毒对呼吸系统的危害也是巨大的，长期接触甲醛可引发呼吸功能障碍和肝中毒性病变，表现为肝细胞损伤、肝功能异常等，还会增大罹患霍奇金淋巴瘤、多发性骨髓瘤、髓性白血病等特殊癌症的机率。

七、毒狗肉事件

2015年，湖州警方破获了一起由家狗失窃牵涉出的特大毒狗肉案，这个犯罪团伙把剧毒的氰化物涂在鸡骨头上，用此做诱饵把村民家的狗毒死后带走，再卖给个体餐馆、农家乐的老板或农贸市场等。涉案的5吨毒狗肉已约有3吨流向市场。这些狗大都是被氰化物毒死的，人吃了毒狗肉对健康肯定是有害的。

氰化物为剧毒物，包括氰化氢、氰化钠、氰化钾、氰化铵和丙烯腈等。氰化物进入机体后分解出具有毒性的氰离子，氰离子能抑制组织细胞内42种酶的活性。氰离子能迅速与氧化型细胞色素氧化酶中的三价铁结合，阻止其还原成二价铁，使传递电子的氧化过程中断，组织细胞不能利用血液中的氧而造成内窒息。中枢神经系统对缺氧最敏感，故大脑首先受损，导致中枢性呼吸衰竭而死亡。此外，氰化物在消化道中释放出的氢氧离子具有腐蚀作用。吸入高浓度氰化氢或吞服大量氰化物者，可在2~3分钟内呼吸停止，呈"电击样"死亡。大剂量中毒常发生闪电式昏迷和死亡。摄入后几秒钟即发出尖叫声、发绀、全身痉挛，立即呼吸停止。小剂量中毒可以出现15~40分钟的中毒过程：口腔及咽喉麻木感、流涎、头痛、恶心、胸闷、呼吸加快加深、脉搏加快、心律不齐、瞳孔缩小、皮肤黏膜呈鲜红色、抽搐、昏迷，最后意识丧失而死亡。

八、氟虫腈事件

2017年7月底，欧盟比利时、荷兰和德国三个国家发现本国鸡蛋中疑似含有"氟虫腈"杀虫剂，8月7日欧盟食品和饲料快速预警系统发出警示，提示英国、瑞典、瑞士和法国等可能有受污染的鸡蛋流入，目前，鸡蛋氟虫腈问题已波及欧盟7国。继欧盟后，韩国、挪威、匈牙利、中国香港、中国台湾等国家和地区也相继报出鸡蛋和蛋制品中检出氟虫腈问题，据不完全统计，目前已有16个国家和地区发现氟虫腈鸡蛋问题，初步原因分析，认为可能是鸡农使用含氟虫腈的环境消毒剂和杀虫剂所致。

氟虫腈是一种苯基吡唑类广谱杀虫剂。氟虫腈在光照下分解，其分解产物为氟甲腈（MB46513）、氟虫腈砜（MB46136）、氟虫腈亚砜（MB45950），被世界卫生组织列为"对人类有中度毒性"的化学品，大量进食含有高浓度氟虫腈的食品，会损害肝脏、甲状腺和肾脏，有学者通过动物实验发现氟虫腈会影响生殖健康，但尚未发现关于氟虫腈"三致"风险的报道。根据GB 2763—2016《食品安全国家标准 食品中农药最大残留限量》，氟虫腈及其代谢物的每日允许最大摄入量（ADI）值为0.0002mg/kg（bw）。

由于氟虫腈对环境的污染性和对蜜蜂的危害性，考虑到生态环境安全和农业生产安全，大多国家食品安全机构对农产品中氟虫腈的最大残留量（MRL）均有严格的限量规定。对于蛋类产品中氟虫腈的限量要求，国际食品法典委员会（CAC）规定为0.02mg/kg，欧盟法规NO.1127/2014规定为0.005mg/kg，日本肯定列表规定为0.02mg/kg。我国规定自2009年10月1日起，除卫生用、玉米等部分旱田种子包衣剂外，在我国境内停止销售和使用用于其他方面的含氟虫腈成分的农药制剂。目前，我国尚无蛋类产品中氟虫腈及其代谢物的残留限量要求。

第五章 粮食及其制品

第一节　粮食及其制品的分类

目前，我国粮食及其制品按照GB 2762—2017《食品中污染物限量》、GB 2763—2016《食品中农药最大残留量》中标准要求进行分类，主要分为谷物、谷物加工研磨加工品及谷物制品等。

一、谷物

谷物按颗粒大小分为小粒粮食、中粒粮食、大粒粮食、特大粒粮食。小粒粮食有粟、芝麻、油菜籽等；中粒粮食有如稻谷、小麦、高粱、小豆、黑麦、燕麦、荞麦等；大粒粮食有大豆、玉米、豌豆、葵花籽、小粒蚕豆等；特大粒粮食有花生、大粒蚕豆等。

谷物按种类分为稻类、麦类、旱粮类、杂粮类等。稻类有稻谷；麦类有小麦、大麦、燕麦、黑麦、小黑麦等；旱粮类有玉米、高粱、粟、稷、薏仁、荞麦等；杂粮类有绿豆、豌豆、赤豆、小扁豆、鹰嘴豆等。

稻类、麦类、旱粮类、杂粮类的检测部位都为整粒检测。

二、谷物加工研磨加工品

分为糙米、大米、小麦粉、玉米面（渣、片）、麦片、其他去壳谷物（如小米、高粱米、小麦米、黍米等）。

三、谷物制品

1. 大米制品
米粉、汤圆粉及其他制品等。

2. 小麦粉制品

生湿面制品（如面条、饺子皮、馄饨皮、烧卖皮等）、生干面制品、发酵面制品、面糊（如用于鱼和禽肉的拖面糊）、裹粉、煎炸粉、面筋及其他小麦制品。

3. 玉米制品

包括玉米淀粉、玉米油、玉米片粥等。

4. 其他谷物制品

例如带馅的面米制品、八宝粥罐头等。

第二节 样品的采集

一、散装样品的采集

1. 仓房抽样

散装的粮食根据堆形和面积大小分区设点，按粮堆高度分层抽样。步骤及方法如下。

（1）分区设点 每区面积不超过50m²各区设中心四角五个点。区数在两个或两个以上的，两区界线上的两个点为共有点（两个区共八个点，三个区共十一个点，依此类推）。粮堆边缘的点设在距边缘约50cm处。

（2）分层 堆高在2m以下的，分上、下两层；堆高在2~3m的，分上、中、下三层，上层在粮面下10~20cm处，中层在粮堆中间，下层在距底部20cm处，如遇堆高在3~5m时，应分四层；堆高在5m以上的酌情增加层数。

（3）抽样 按区按点，先上后下逐层抽样。各点抽样数量一致。

（4）散装的特大粒粮食和油料（花生果、大蚕豆、甘薯片等）采用扒堆的方法，按照"分区设点"的原则，在若干个点的粮面下10~20cm处，不加挑选的用取样铲去除具有代表性的样品。

2. 圆仓（囤）抽样

按圆仓的高度分层（同（2）），每层按圆仓直径分内（中心）、中（半径处的一半）、外（距仓边30cm左右）三圈。圆仓直径8m以下的，每层按内、中、外分别设1、2、4个点共7个点；直径8m以上的，每层按内、中、外分别设1、4、8个点共13个点；按层按点抽样。

二、包装样品的采集

中、小粒粮食抽样包数不少于总包数的5%，小麦粉抽样包数不少于总数的3%。抽样包点要均匀；特大粒粮（如花生果、大蚕豆、甘薯片等）取样包数：200包以下的取样不少于10包，200包以上的每增加100包增取1包。

取样时，采取倒包和拆包相结合的方法。取样比例：倒包按规定取样包数的20%；拆包按规定取样包数的80%。

倒包：先将取样包放在洁净的塑料布或地面上，拆去包口缝线，缓缓放倒，双手紧握袋底两角，提起约50cm高，拖倒约1.5m全部倒出后，从相当于袋的中部和底部用取样铲取出样品。每包、每点取量一致。

拆包：将袋口缝线拆开3~5针，用取样铲从上部取出所需样品，每包取样数量一致。

三、流动粮食抽样法

机械运输粮食先按照受检粮食和传送时间定出取样次数和每次应取的数量，然后定时从粮流的终点横断接取样品。

四、流通领域中样品的抽样

在流通领域中抽样，应先确定检验用样品量，在抽样过程中按随机抽取法进行抽样，要保证检验样品量的充足。

五、样品的包装及运输

抽样完成后由抽样人与被抽样单位在抽样单和封条上签字、盖章，当场封样，检验样品、备份样品分别封样。抽样全过程要有影像资料，记录抽样的全过程。为保证样品的真实性，要有相应的防拆封措施，并保证封条在运输过程中不会破损。样品运输、贮存过程中应采取有效的防护措施，确保样品不被污染，不发生腐败变质，不影响后续实验。如对于需要冷冻（藏）保存的样品，应放置在隔热的容器中，在运送中必须保持适当的低温，通过放置冰袋等方式保持低温状态，但不可直接用散冰块；冷冻（藏）样品采集后需在3h内运送至实验室按要求存放。水分含量低或常温保存的定型包装样品可在2d内运送至实验室。样品运输、贮存，应符合产品明示要求或产品实际需要的条件要求。

第三节　样品的制备及贮存

一、样品的制备

1. 液体、浆体或悬浮液体

一般将样品摇匀，充分搅拌。常用的简便搅拌工具是玻璃搅拌棒，还有带变速的电动搅拌器，可以任意调整搅拌速度。

2. 互不相溶的液体（如油与水的混合物）

应首先使不相溶的成分分离，然后分别进行采样，再制备成平均样品。

3. 固体样品

应用切细、粉碎、捣碎、研磨等方法将样品制成均匀可检状态。水分含量少、硬度较大的固体样品可用粉碎机或研钵磨碎并均匀；水分含量较高、韧性较强的样品可取可食部分放入搅拌机机中绞匀，或用研钵研磨；质地软的样品可取可食部分放入组织捣碎机中捣匀。各种机具应尽量选用惰性材料，如不锈钢、合金材料、玻璃、陶瓷、高强度塑料等。制样后的器具要及时清洗，保证不产生交叉污染。

为控制颗粒度均匀一致，可采用标准筛过筛。标准筛为金属丝编制的不同孔径的配套过筛工具，可根据分析的要求选用。过筛时，要求全部样品都通过筛孔，未通过的部分应继续粉碎并过筛，直至全部样品都通过为止，而不应该把未过筛的部分随意丢弃，否则将造成食品样品中的成分构成改变，从而影响样品的代表性。经过磨碎过筛的样品，必须进一步充分混匀。

二、样品的贮存

制备好的样品应放在密封洁净的容器内，置于阴暗处保存；并应根据食品种类选择其物理化学结构变化极小的适宜温度保存。对易腐败变质的样品保存在0~5℃的冰箱里，但保存时间也不宜过长。有些成分，如胡萝卜素、黄曲霉毒素B_1、维生素B_1等，容易发生光解，以这些成分为分析项目的样品，必须在避光条件下保存。特殊情况下，样品中可加入适量的不影响分析结果的防腐剂，或将样品置于冷冻干燥器内进行升华干燥来保存。

此外，样品保存环境要清洁干燥，存放的样品要按日期、批号、编号摆放，以便查找。一般样品在检验结束后应保留一个月，以备需要时复查，保留期限从检验报告单签发日起计算；易变质食品不予保留；保留样品应加封存放在适当的地方，并尽可能保持其原状。

第四节　样品的检验

一、甲基异柳磷的检验

1. 参考方法

GB/T 5009.144—2003《植物性食品中甲基异柳磷残留量的测定》。

2. 实验原理

火焰光度检测器具有高灵敏度、高选择性，广泛应用于含硫、磷等有机物的测定，试样经提取、净化后，用气相色谱火焰光度检测器检测。通过试样的峰高（面积）与标准品的峰高（面积）比较，计算试样相当的含量。

3. 样品前处理过程

（1）提取　称取约10g粮食试样精确到（0.001g），置于150mL三角瓶中，加入40mL乙酸乙酯，振荡提取30min，将溶液转移至离心管中，离心10min（3000r/min），取上清液20mL，用氮气或空气吹至近干。

（2）净化　将浓缩后试样溶液，转移至柱上净化，用30mL乙酸乙酯淋洗，收集淋洗液，用氮气或空气吹至近干，用丙酮定容至1mL，进样。

（3）气相色谱参考条件

玻璃柱：1m×3mm（内径），内装涂有2% OV-17固定液的Chromosorb W（DMCS）80~100目。

气流速度：氮气：30mL/min；氢气：70mL/min；空气：100mL/min。

温度：色谱柱：200℃；进样器、检测器：200℃。

4. 测定

（1）标准曲线绘制　分别吸取甲基异柳磷标准使用液（5.0μg/mL）0、0.1、0.2、0.4、0.8、2.5、5.0mL，于5mL容量瓶中，加入丙酮至刻度，即各含量为0、0.1、0.2、0.4、0.8、2.5、5.0μg/mL的标准液系列，分别吸取1μL注入气相色谱仪中，然后以峰面积为纵坐标，以甲基异柳磷的含量为横坐标，绘制标准曲线。

（2）试样测定　吸取1μL上述净化后的试样液注入气相色谱仪中，通过试样与标准峰面积的比较，用外标法定量。

5. 结果计算

试样中甲基异柳磷含量按下式计算：

$$X = \frac{H \times E_a \times V_2 \times V_3}{H_a \times V_1 \times m}$$

式中　　X ——试样中农药的含量，单位为毫克每千克（mg/kg）；

　　　　E_a——甲基异柳磷标准的浓度，单位为微克每毫升（μg/mL）；

　　　　V_1——试样进样体积，单位为微升（μL）；

　　　　V_2——标准进样体积，单位为微升（μL）；

　　　　V_3——最后定容体积，单位为毫升（mL）；

　　　　H ——最后农药峰高，单位为毫米（mm）；

　　　　H_a——标准农药峰高，单位为毫米（mm）；

　　　　m ——试样质量，单位为克（g）。

计算结果表示：报告算术平均值的两位有效数字。

二、甲基毒死蜱的检验

1. 参考方法

GB/T 23200.9—2016《粮谷中475种农药及相关化学品残留量的测定　气相色谱-质谱法》。

2. 实验原理

试样于加速溶剂萃取仪中用乙腈提取，提取液经固相萃取柱净化后，用乙腈-甲苯溶液（3+1）洗脱农药及相关化学品，用气相色谱-质谱仪检测。

3. 样品前处理过程

（1）提取　称取约10g试样精确到（0.01g）与10g硅藻土混合，移入加速溶剂萃取仪的34mL萃取池中，在10.34MPa压力、80℃条件下，加热5min，用乙腈静态萃取3min，循环2次，然后用池体积60%的乙腈（20.4mL）冲洗萃取池，并用氮气扫吹100s。萃取完毕后，将萃取液混匀，对含油量较小的样品萃取液体积的二分之一（相当于5g试样量），对含油量较大的样品取萃取液提及的四分之一（相当于2.5g试样量），待净化。

（2）净化　用10mL乙腈预洗Envi-18柱，然后将Envi-18柱放入固定架上，下接梨形瓶，移入上述萃取液，并用15mL乙腈洗涤Envi-18柱，收集萃取液及洗涤液，在旋转蒸发器上将收集的液体浓缩至约1mL，备用。

在Envi-Carb柱中加入约2cm高无水硫酸钠，将该柱连接在Sep-Pak NH$_2$柱顶部，将串联柱下接鸡心瓶放在固定架上。加样前先用4mL乙腈-甲苯溶液（3+1）预洗柱，当液面到达硫酸钠的顶部时，迅速将样品浓缩液转移至净化柱上，再每次用2mL乙腈-甲苯溶液（3+1）三次洗涤样液瓶，并将洗涤液移入柱中。在串联柱上加上50mL贮液器，用25mL乙腈-甲苯溶液（3+1）洗涤串联柱，收集所有流出物于鸡心瓶中，并在40℃水浴中旋转浓缩至约0.5mL。每次加入5mL正己烷在40℃水浴中旋转蒸发，进行溶剂交换两次，最后使样液体积约为1mL，加入40μL内标溶液，混匀，用于气相色谱-质谱测定。

（3）气相色谱-质谱法测定

①条件

色谱柱：DB-1701（30m×0.25mm，0.25μm）石英毛细管柱或相当

者；色谱柱温度：40℃保持1min，然后以30℃/min程序升温至130℃，再以5℃/min，升温至250℃，再以10℃/min升温至300℃，保持5min；

气流速度：氦气，1.2mL/min，纯度≥99.999%；

温度：进样器，290℃；离子源，230℃；GC–MS接口，280℃；

进样：无分流进样，1.5min后打开分流阀和隔垫吹扫阀；进样量：1μL；

电子轰击源：70eV；

选择离子检测：选择一个定量离子，2~3个定性离子。甲基毒死蜱的保留时间：19.38min；定量离子：286（100），定性离子：288（70）、197（5）。

②定性测定：进行样品测定时，如果检出的色谱峰的保留时间与标准样品一致，并且在扣除背景后的样品质谱图中，所选择的离子均出现，而且所选择的离子丰度比标准样品的离子丰度相一致（相对丰度>50%，允许±10%偏差；相对丰度>20%~50%，允许±15%偏差；相对丰度>10%~20%，允许±20%偏差；相对丰度≤10%，允许±50%偏差），则可判断样品中存在这种农药或相关化学品。如果不能确证，应重新进样，以扫描方式或采用增加其他确证离子的方式或用其他灵敏度更高的分析仪器来确证。

③定量测定：本方法采用内标法单离子定量测定。内标物为环氧七氯。为减少基质影响，定量采用空白样液配制标准工作液。标准溶液的浓度应与待测化合物的浓度相近。

（4）平行试验　按以上步骤对同一试样进行平行试验测定。

（5）空白试验　除不称取试样外，均按上述步骤进行。

4. 测定

内标溶液：准确称取3.5mg环氧七氯于100mL容量瓶中，用甲苯定容至刻度。

基质混合标准工作溶液：将40μL内标溶液和甲基毒死蜱标准溶液分别加到1.0mL的样品空白基质提取液中，混匀，配成基质标准工作溶液。基质标准混合溶液应现用现配。

5. 计算结果

气相色谱–质谱测定结果可由计算机按内标法自动计算，也可按下式计算：

$$X = c_s \times \frac{A}{A_s} \times \frac{c_i}{c_{si}} \times \frac{A_{si}}{A_i} \times \frac{V}{m} \times \frac{1000}{1000}$$

式中　　X ——试样中被测物残留量，单位为毫克每千克（mg/kg）；

　　　　c_s ——基质标准工作液中被测物质量浓度，单位为微克每毫升（μg/mL）；

　　　　A ——试样溶液中被测物的色谱峰面积；

　　　　A_s ——基质标准工作溶液中被测物的色谱峰面积；

　　　　c_i ——试样溶液中内标物的质量浓度，单位为微克每毫升（μg/mL）；

　　　　c_{si} ——基质标准工作液中内标物的质量浓度，单位为微克每毫升（μg/mL）；

　　　　A_i ——试样溶液中内标物的色谱峰面积；

　　　　A_{si} ——基质标准工作溶液中内标物的色谱峰面积；

　　　　V ——样液最终定容体积，单位为毫升（mL）；

　　　　m ——试样溶液所代表试样的质量，单位为克（g）。

注：计算结果应扣除空白值。

三、联苯肼酯的检验

1. 参考方法

GB/T 23200.8—2016《水果和蔬菜中500种农药及相关化学品残留量的测定　气相色谱–质谱法》。

2. 实验原理

试样用乙腈匀浆提取，盐析离心后，取上清液，经固相萃取柱净化后，用乙腈–甲苯溶液（3+1）洗脱农药及相关化学品，溶剂交换后用气相色谱–质谱仪检测。

3. 样品前处理过程

（1）提取　称取20g试样精确到（0.01g）于80mL离心管中，加入40mL乙腈，用均质器在15000r/min匀浆1min，加入5g氯化钠，再匀浆提取1min，将离心管放入离心机，在3000r/min离心5min，取上清液20mL（相当于10g试样量），待净化。

（2）净化 用10mL乙腈预洗Envi-18柱，然后将Envi-18柱放入固定架上，下接梨形瓶，移入上述20mL提取液，并用15mL乙腈洗涤Envi-18柱，收集提取液及洗涤液，在旋转蒸发器上将收集的液体浓缩至约1mL，备用。

在Envi-Carb柱中加入约2cm高无水硫酸钠，将该柱连接在Sep-Pak NH₂柱顶部，用4mL乙腈-甲苯溶液（3+1）预洗串联柱，当液面到达硫酸钠顶部时。迅速将样品浓缩液转移至净化柱上，用3×2mL乙腈-甲苯溶液（3+1）洗涤样液瓶，并将洗涤液移入柱中。在串联柱上加上50mL贮液器，用25mL乙腈-甲苯溶液（3+1）洗涤串联柱，收集上述所有流出物于梨形瓶中，并在40℃水浴中旋转浓缩至约0.5mL。加入2×5mL正己烷进行溶剂交换两次，最后使样液体积均为1mL，加入40μL内标溶液，混匀，用于气相色谱-质谱测定。

（3）气相色谱-质谱法测定

①条件

色谱柱：DB-1701（30m×0.25mm，0.25μm）石英毛细管柱或相当者；

色谱柱温度：40℃保持1min，然后以30℃/min程序升温至130℃，再以5℃/min，升温至250℃，再以10℃/min升温至300℃，保持5min；

气流速度：氦气，1.2mL/min，纯度≥99.999%；

温度：进样器：290℃；离子源：230℃；GC-MS接口：280℃；

进样：无分流进样，1.5min后打开分流阀和隔垫吹扫阀；进样量：1μL；

电子轰击源：70eV；

选择离子检测：选择一个定量离子，2~3个定性离子。联苯肼酯的保留时间：30.38min；定量离子：300（100）；定性离子：288（99）、199（100）。

②定性测定：进行样品测定时，如果检出的色谱峰的保留时间与标准样品一致，并且在扣除背景后的样品质谱图中，所选择的离子均出现，而且所选择的离子丰度比标准样品的离子丰度相一致（相对丰度>50%，允许±10%偏差；相对丰度>20%~50%，允许±15%偏差；相对丰度>10%~20%，允许±20%偏差；相对丰度≤10%，允许±50%偏差），则可判断样品中存在这种农药或相关化学品。如果不能确证，应重新进

样，以扫描方式或采用增加其他确证离子的方式或用其他灵敏度更高的分析仪器来确证。

③定量测定：本方法采用内标法单离子定量测定。内标物为环氧七氯。为减少基质影响，定量采用空白样液配制标准工作液。标准溶液的浓度应与待测化合物的浓度相近。

（4）平行试验 按以上步骤对同一试样进行平行试验测定。

（5）空白试验 除不称取试样外，均按上述步骤进行。

4. 测定

内标溶液：准确称取3.5mg环氧七氯于100mL容量瓶中，用甲苯定容至刻度。

基质混合标准工作溶液：将40μL内标溶液和联苯肼酯标准溶液分别加到1.0mL的样品空白基质提取液中，混匀，配成基质标准工作溶液。基质标准混合溶液应现用现配。

5. 结果计算

气相色谱-质谱测定结果可由计算机按内标法自动计算，也可按下式计算：

$$X = c_s \times \frac{A}{A_s} \times \frac{c_i}{c_{si}} \times \frac{A_{si}}{A_i} \times \frac{V}{m} \times \frac{1000}{1000}$$

式中　　X——试样中被测物残留量，单位为毫克每千克（mg/kg）；

c_s——基质标准工作液中被测物的质量浓度，单位为微克每毫升（μg/mL）；

A——试样溶液中被测物的色谱峰面积；

A_s——基质标准工作溶液中被测物的色谱峰面积；

c_i——试样溶液中内标物的质量浓度，单位为微克每毫升（μg/mL）；

c_{si}——基质标准工作液中内标物的质量浓度，单位为微克每毫升（μg/mL）；

A_i——试样溶液中内标物的色谱峰面积；

A_{si}——基质标准工作溶液中内标物的色谱峰面积；

V ——样液最终定容体积，单位为毫升（mL）；

m ——试样溶液所代表试样的质量，单位为克（g）。

注：计算结果应扣除空白值。

四、2，4-滴的检验

1. 参考方法

GB/T 5009.175—2003《粮食和蔬菜中2，4-滴残留量的测定》。

2. 实验原理

试样中2，4-滴用有机溶液提取，用三氟化硼丁醇将2，4-滴衍生成2，4-滴丁酯，液-液萃取、柱层析净化除去干扰物质，以气相色谱捕获检测器测定。根据色谱保留时间定性，外标法峰面积定量。

3. 样品前处理过程

（1）提取　称取过20目筛粉碎试样30g，加50mL乙醚、20mL pH 2.0的酸性水溶液于250mL具塞三角瓶中，超声提取3min，用G3砂芯漏洞抽滤，滤渣用20mL乙醚洗涤数次，将滤液转移到150mL分液漏斗中，静置分层，去掉水层，乙醚层经无水硫酸钠脱水后，加入1mL异辛烷，氮吹至尽干。用5mL甲苯分次转移至20mL顶空分析玻璃瓶中。

（2）衍生化　加5mL衍生剂于上述顶空分析玻璃瓶中，将玻璃瓶加盖密封，在65℃水浴中保持45min后，取出玻璃瓶用冷水冷却，将衍生反应液转移至盛有10mL 50g/L氯化钠溶液的60mL分液漏斗中，用5mL×2石油醚提取，合并有机相，经无水硫酸钠脱水待用。

（3）净化　用氮气将石油醚吹至近干。用5mL石油醚溶解，并移入已处理好的净化柱中，用10mL石油醚淋洗净化柱，弃掉淋洗液，用20mL石油醚-丙酮（95+5）洗脱，收集洗脱液于25mL比色管中，氮吹至5mL。

（4）气相色谱-质谱法测定

①条件

色谱柱：1.7% OV-17和2% QF-1混合固定液。载体：Chromorsorb（HP），60~80目。2m×32mm（id），柱温：180℃，载气高纯氮，流速50mL/min；进样器、检测器温度：250℃。

②色谱分析：利用外标法定性、定量，分别取2，4-滴经衍生化的标准液、试样液各1μL注入气相色谱仪，重复进样3次，每次误差不超过5%，用保留时间确定2，4-滴丁酯，色谱峰面积外标法定量。在上述条件下2，4-滴丁酯的保留时间为3.9min。

4. 测定

2，4-滴丁酯标准制备：取10μL 2，4-滴标准液，依"衍生化"步骤制备2,4-滴丁酯标准液。溶液中2,4-滴丁酯的含量相当于1.0μg/mL 2,4-滴。

5. 结果计算

气相色谱-质谱测定结果可由计算机按内标法自动计算，也可按下式计算：

$$\rho = \frac{A_x \times \rho_0 \times V_0 \times V_1}{A_0 \times V_2 \times m}$$

式中　　ρ ——试样中2，4-滴残留量，单位为毫克每千克（mg/kg）；

ρ_0 ——2，4-滴标准溶液浓度，单位为微克每毫升（μg/mL）；

V_0 ——标准溶液进样体积，单位为微升（μL）；

V_1 ——试样定容体积，单位为毫升（mL）；

V_2 ——试样进样体积，单位为微升（μL）；

A_0 ——标准溶液色谱峰面积；

A_x ——试样溶液色谱峰面积；

m ——试样溶液所代表试样的质量，单位为克（g）。

第五节　国内重大安全事件

一、毒大米事件

毒大米是指用陈米反复研磨后，掺入工业原料白蜡油混合而成，其色泽透明，卖相好。经过检测不能食用的发霉（含有黄曲霉毒素）或者农药超标米，只能用于工业用途。食用受黄曲霉毒素污染的大米，会出现急性中毒。临床表现为黄疸为主，并有全身乏力、恶心、头晕、头疼等症状。

2002年，我国广东、广西等地查出"毒大米"数百吨，根据"毒大米"样本检验结果，黄曲霉毒素的含量严重超标。过量食用被黄曲霉毒素污染的食品，严重者可在2~3周内出现肺水肿、昏迷等症状。2008年9月5日开始，"问题大米"事件进入日本媒体、市民视线，随着调查的深入，发现涉案单位越来越多，问题越来越严重。"问题大米"事件逼日本农相下台，涉案代理商自杀谢罪。据日本共同社、《朝日新闻》等媒体2008年9月6日~20日连续报道，日本"三笠食品"等公司涉嫌将工业用（残余农药超标及发霉）大米，伪装成食用米卖给酒厂、学校、医院等370家单位。在案件调查过程中，一涉案中间商自杀身亡。农水省事务次官白须敏朗辞职。2008年9月19日，日本农林水产大臣太田诚一承认对该案处理不当，也引咎辞职。

毒大米的危害性大、存在范围广，为了预防毒大米事件的再次发生，维护人类健康，世界各国对大米中黄曲霉毒素与农药残留做了限量要求（表5-1）。

表5-1　各种食品的黄曲霉毒素限量

食品名称	黄曲霉毒素限量（μg/kg）
玉米、玉米面（渣、片）及玉米制品	≤20
稻谷、糙米、大米	≤10
大麦、其他谷物	≤5
小麦粉、麦片、其他去壳谷物	≤5
花生及其制品	≤20

二、陈化粮做"鲜"米粉事件

根据相关规定，不宜直接作为口粮食用的粮食定义为"陈化粮"，与人们通常所说的"次米""隔年粮"不同，陈化粮需要严格的检测鉴定后才能确定。有关专家介绍，陈化粮是指长期（3年以上）贮藏，其黄曲霉菌（目前发现的最强致癌物质，280℃高温下仍可存活，试验表明，其致癌所需时间最短为24周）超标，已不能直接作为口粮的粮食。国家规定，陈化粮只能通过拍卖的方式向特定的饲料加工和酿造企业定向销售，并严格按规定使用，倒卖、平价转让、擅自改变使用用途的行为都是违法行为。

由于陈化粮的价格比较低廉，使用陈化粮加工带来的暴利，使得许多粮油加工厂无视国家法规的存在，争先恐后地购买，违规使用陈化粮。2004年7月16日长沙市查获80吨来自湖北的陈化粮；一部分小加工作坊用陈化粮作"鲜米粉"，由于陈化粮米粒泛黄，直接生产出来的米粉不为市民接受，于是米粉生产者又加入了另一种致癌物质甲醛（俗称"吊白块"）。陈化粮黄曲霉菌超标，而黄曲霉菌产生的黄曲霉素，是目前发现的最强化学致癌物，可导致肝癌；米粉中加入的吊白块又进一步增加了致癌风险。令人痛心的是：出现在全国十多个省市粮油批发市场上的陈化粮，价格比一般大米便宜三分之一左右，因主要销往工地而得名"民工粮"。有的不法商贩更是将学校市场当做"大蛋糕"趋之若鹜。

国内外学者对粮食的新陈度检验方法做了大量的研究，目的在于指导粮食的出入库（贮存品质判定）、贮存条件的调控、商检把关和进出口检验，在把控粮食品质过程中起到了极其重要的作用。针对陈化粮在检定、监管、销售的漏洞，国家发展计划委员会、财政部、国家粮食局、中国农业发展银行就对反陈化粮价差亏损、专账管理、投放市场数量以及对陈化粮的监管等工作都提出了具体意见。

三、染色馒头事件

染色馒头是通过回收馒头再加上着色剂而做出的面食，食用过多会对人体造成伤害。超过保质期的食品有可能导致细菌大量繁殖，食用后可导致"生物型"食物中毒和急性传染病；另一方面，过期的食品也可引起化学变化（如油脂酸败），食用后可导致"化学型"食物中毒。

2011年4月10日央视的《消费主张》节目报道，上海多家超市销售的小麦馒头、玉米面馒头被曝系染色制成，加防腐剂防止发霉。馒头生产日期标注为进超市的日期，过期回收后重新销售。在整个馒头加工过程中记者发现，工人在添加各种添加剂时非常随意，完全按照自己的经验，想加多少加多少。我国《食品添加剂使用卫生标准》规定，发酵面制品可以使用的添加剂中并没有山梨酸钾，然而食品生产公司堂而皇之地添加了这种防腐剂；记者还发现染色馒头生产过程中又使用了另一种食品添加剂——甜蜜素，而国家规定允许添加甜蜜素的食品种类为烘焙/炒制坚果与籽类，并不包含发酵面制品。每天有如此加工出来的3万问题馒头销往联华、华联、迪亚天天等30多家超市，数量庞大。事件一经报道，上海工商部门、质监部门、公安部门联合行动，多种举措并施，对相关负责人进行问责调查，并对管理漏洞进行"修补"。

　　从这次事件看出，食品安全隐患需处处设防，染色馒头存在的添加剂使用不规范；货源、进货途径存在问题；烹调作料二次利用；生产标准缺失在各个食品加工过程中时有发生。染色馒头绝非独树一帜，实际上折射出了中国食品安全领域一个存在已久的问题——过期食品的混乱处理。

附录一 中华人民共和国食品安全法

第一章 总 则

第一条 为了保证食品安全，保障公众身体健康和生命安全，制定本法。

第二条 在中华人民共和国境内从事下列活动，应当遵守本法：

（一）食品生产和加工（以下称食品生产），食品销售和餐饮服务（以下称食品经营）；

（二）食品添加剂的生产经营；

（三）用于食品的包装材料、容器、洗涤剂、消毒剂和用于食品生产经营的工具、设备（以下称食品相关产品）的生产经营；

（四）食品生产经营者使用食品添加剂、食品相关产品；

（五）食品的贮存和运输；

（六）对食品、食品添加剂、食品相关产品的安全管理。

供食用的源于农业的初级产品（以下称食用农产品）的质量安全管理，遵守《中华人民共和国农产品质量安全法》的规定。但是，食用农产品的市场销售、有关质量安全标准的制定、有关安全信息的公布和本法对农业投入品作出规定的，应当遵守本法的规定。

第三条 食品安全工作实行预防为主、风险管理、全程控制、社会共治，建立科学、严格的监督管理制度。

第四条 食品生产经营者对其生产经营食品的安全负责。

食品生产经营者应当依照法律、法规和食品安全标准从事生产经营活动，保证食品安全，诚信自律，对社会和公众负责，接受社会监督，承担社会责任。

第五条 国务院设立食品安全委员会，其职责由国务院规定。

国务院食品药品监督管理部门依照本法和国务院规定的职责，对食品生产经营活动实施监督管理。

国务院卫生行政部门依照本法和国务院规定的职责，组织开展食品安全风险监测和风险评估，会同国务院食品药品监督管理部门制定并公布食品安全国家标准。

国务院其他有关部门依照本法和国务院规定的职责，承担有关食品安全工作。

第六条　县级以上地方人民政府对本行政区域的食品安全监督管理工作负责，统一领导、组织、协调本行政区域的食品安全监督管理工作以及食品安全突发事件应对工作，建立健全食品安全全程监督管理工作机制和信息共享机制。

县级以上地方人民政府依照本法和国务院的规定，确定本级食品药品监督管理、卫生行政部门和其他有关部门的职责。有关部门在各自职责范围内负责本行政区域的食品安全监督管理工作。

县级人民政府食品药品监督管理部门可以在乡镇或者特定区域设立派出机构。

第七条　县级以上地方人民政府实行食品安全监督管理责任制。上级人民政府负责对下一级人民政府的食品安全监督管理工作进行评议、考核。县级以上地方人民政府负责对本级食品药品监督管理部门和其他有关部门的食品安全监督管理工作进行评议、考核。

第八条　县级以上人民政府应当将食品安全工作纳入本级国民经济和社会发展规划，将食品安全工作经费列入本级政府财政预算，加强食品安全监督管理能力建设，为食品安全工作提供保障。

县级以上人民政府食品药品监督管理部门和其他有关部门应当加强沟通、密切配合，按照各自职责分工，依法行使职权，承担责任。

第九条　食品行业协会应当加强行业自律，按照章程建立健全行业规范和奖惩机制，提供食品安全信息、技术等服务，引导和督促食品生产经营者依法生产经营，推动行业诚信建设，宣传、普及食品安全知识。

消费者协会和其他消费者组织对违反本法规定，损害消费者合法权益的行为，依法进行社会监督。

第十条　各级人民政府应当加强食品安全的宣传教育，普及食品安全知识，鼓励社会组织、基层群众性自治组织、食品生产经营者开展食品安全法律、法规以及食品安全标准和知识的普及工作，倡导健康的饮食方式，增强消费者食品安全意识和自我保护能力。

新闻媒体应当开展食品安全法律、法规以及食品安全标准和知识的公益宣传，并对食品安全违法行为进行舆论监督。有关食品安全的宣传报道应当真实、公正。

第十一条 国家鼓励和支持开展与食品安全有关的基础研究、应用研究，鼓励和支持食品生产经营者为提高食品安全水平采用先进技术和先进管理规范。

国家对农药的使用实行严格的管理制度，加快淘汰剧毒、高毒、高残留农药，推动替代产品的研发和应用，鼓励使用高效低毒低残留农药。

第十二条 任何组织或者个人有权举报食品安全违法行为，依法向有关部门了解食品安全信息，对食品安全监督管理工作提出意见和建议。

第十三条 对在食品安全工作中做出突出贡献的单位和个人，按照国家有关规定给予表彰、奖励。

第二章　食品安全风险监测和评估

第十四条 国家建立食品安全风险监测制度，对食源性疾病、食品污染以及食品中的有害因素进行监测。

国务院卫生行政部门会同国务院食品药品监督管理、质量监督等部门，制定、实施国家食品安全风险监测计划。

国务院食品药品监督管理部门和其他有关部门获知有关食品安全风险信息后，应当立即核实并向国务院卫生行政部门通报。对有关部门通报的食品安全风险信息以及医疗机构报告的食源性疾病等有关疾病信息，国务院卫生行政部门应当会同国务院有关部门分析研究，认为必要的，及时调整国家食品安全风险监测计划。

省、自治区、直辖市人民政府卫生行政部门会同同级食品药品监督管理、质量监督等部门，根据国家食品安全风险监测计划，结合本行政区域的具体情况，制定、调整本行政区域的食品安全风险监测方案，报国务院卫生行政部门备案并实施。

第十五条 承担食品安全风险监测工作的技术机构应当根据食品安全风险监测计划和监测方案开展监测工作，保证监测数据真实、准确，并按照食品安全风险监测计划和监测方案的要求报送监测数据和分析结果。

食品安全风险监测工作人员有权进入相关食用农产品种植养殖、食品生产经营场所采集样品、收集相关数据。采集样品应当按照市场价格支付费用。

第十六条　食品安全风险监测结果表明可能存在食品安全隐患的，县级以上人民政府卫生行政部门应当及时将相关信息通报同级食品药品监督管理等部门，并报告本级人民政府和上级人民政府卫生行政部门。食品药品监督管理等部门应当组织开展进一步调查。

第十七条　国家建立食品安全风险评估制度，运用科学方法，根据食品安全风险监测信息、科学数据以及有关信息，对食品、食品添加剂、食品相关产品中生物性、化学性和物理性危害因素进行风险评估。

国务院卫生行政部门负责组织食品安全风险评估工作，成立由医学、农业、食品、营养、生物、环境等方面的专家组成的食品安全风险评估专家委员会进行食品安全风险评估。食品安全风险评估结果由国务院卫生行政部门公布。

对农药、肥料、兽药、饲料和饲料添加剂等的安全性评估，应当有食品安全风险评估专家委员会的专家参加。

食品安全风险评估不得向生产经营者收取费用，采集样品应当按照市场价格支付费用。

第十八条　有下列情形之一的，应当进行食品安全风险评估：

（一）通过食品安全风险监测或者接到举报发现食品、食品添加剂、食品相关产品可能存在安全隐患的；

（二）为制定或者修订食品安全国家标准提供科学依据需要进行风险评估的；

（三）为确定监督管理的重点领域、重点品种需要进行风险评估的；

（四）发现新的可能危害食品安全因素的；

（五）需要判断某一因素是否构成食品安全隐患的；

（六）国务院卫生行政部门认为需要进行风险评估的其他情形。

第十九条　国务院食品药品监督管理、质量监督、农业行政等部门在监督管理工作中发现需要进行食品安全风险评估的，应当向国务院卫生行政部门提出食品安全风险评估的建议，并提供风险来源、相关检验数据和结论等信息、资料。属于本法第十八条规定情形的，国务院卫生行政部门应当及时进行食品安全风险评估，并向国务院有关部门通报评估结果。

第二十条　省级以上人民政府卫生行政、农业行政部门应当及时相互通报食品、食用农产品安全风险监测信息。

国务院卫生行政、农业行政部门应当及时相互通报食品、食用农产品安全风险评估结果等信息。

第二十一条　食品安全风险评估结果是制定、修订食品安全标准和实施食品安全监督管理的科学依据。

经食品安全风险评估，得出食品、食品添加剂、食品相关产品不安全结论的，国务院食品药品监督管理、质量监督等部门应当依据各自职责立即向社会公告，告知消费者停止食用或者使用，并采取相应措施，确保该食品、食品添加剂、食品相关产品停止生产经营；需要制定、修订相关食品安全国家标准的，国务院卫生行政部门应当会同国务院食品药品监督管理部门立即制定、修订。

第二十二条　国务院食品药品监督管理部门应当会同国务院有关部门，根据食品安全风险评估结果、食品安全监督管理信息，对食品安全状况进行综合分析。对经综合分析表明可能具有较高程度安全风险的食品，国务院食品药品监督管理部门应当及时提出食品安全风险警示，并向社会公布。

第二十三条　县级以上人民政府食品药品监督管理部门和其他有关部门、食品安全风险评估专家委员会及其技术机构，应当按照科学、客观、及时、公开的原则，组织食品生产经营者、食品检验机构、认证机构、食品行业协会、消费者协会以及新闻媒体等，就食品安全风险评估信息和食品安全监督管理信息进行交流沟通。

第三章　食品安全标准

第二十四条　制定食品安全标准，应当以保障公众身体健康为宗旨，做到科学合理、安全可靠。

第二十五条　食品安全标准是强制执行的标准。除食品安全标准外，不得制定其他食品强制性标准。

第二十六条　食品安全标准应当包括下列内容：

（一）食品、食品添加剂、食品相关产品中的致病性微生物，农药残留、兽药残留、生物毒素、重金属等污染物质以及其他危害人体健康物质的限量规定；

（二）食品添加剂的品种、使用范围、用量；

（三）专供婴幼儿和其他特定人群的主辅食品的营养成分要求；

（四）对与卫生、营养等食品安全要求有关的标签、标志、说明书的要求；

（五）食品生产经营过程的卫生要求；

（六）与食品安全有关的质量要求；

（七）与食品安全有关的食品检验方法与规程；

（八）其他需要制定为食品安全标准的内容。

第二十七条 食品安全国家标准由国务院卫生行政部门会同国务院食品药品监督管理部门制定、公布，国务院标准化行政部门提供国家标准编号。

食品中农药残留、兽药残留的限量规定及其检验方法与规程由国务院卫生行政部门、国务院农业行政部门会同国务院食品药品监督管理部门制定。

屠宰畜、禽的检验规程由国务院农业行政部门会同国务院卫生行政部门制定。

第二十八条 制定食品安全国家标准，应当依据食品安全风险评估结果并充分考虑食用农产品安全风险评估结果，参照相关的国际标准和国际食品安全风险评估结果，并将食品安全国家标准草案向社会公布，广泛听取食品生产经营者、消费者、有关部门等方面的意见。

食品安全国家标准应当经国务院卫生行政部门组织的食品安全国家标准审评委员会审查通过。食品安全国家标准审评委员会由医学、农业、食品、营养、生物、环境等方面的专家以及国务院有关部门、食品行业协会、消费者协会的代表组成，对食品安全国家标准草案的科学性和实用性等进行审查。

第二十九条 对地方特色食品，没有食品安全国家标准的，省、自治区、直辖市人民政府卫生行政部门可以制定并公布食品安全地方标准，报国务院卫生行政部门备案。食品安全国家标准制定后，该地方标准即行废止。

第三十条 国家鼓励食品生产企业制定严于食品安全国家标准或者地方标准的企业标准，在本企业适用，并报省、自治区、直辖市人民政府卫生行政部门备案。

第三十一条 省级以上人民政府卫生行政部门应当在其网站上公布制定和备案的食品安全国家标准、地方标准和企业标准，供公众免费查阅、下载。

对食品安全标准执行过程中的问题，县级以上人民政府卫生行政部门应当会同有关部门及时给予指导、解答。

第三十二条 省级以上人民政府卫生行政部门应当会同同级食品药品监督管理、质量监督、农业行政等部门，分别对食品安全国家标准和地方标准的执行情况进行跟踪评价，并根据评价结果及时修订食品安全标准。

省级以上人民政府食品药品监督管理、质量监督、农业行政等部门应当对食品安全标准执行中存在的问题进行收集、汇总，并及时向同级卫生行政部门通报。

食品生产经营者、食品行业协会发现食品安全标准在执行中存在问题的，应当立即向卫生行政部门报告。

第四章　食品生产经营

第一节　一般规定

第三十三条　食品生产经营应当符合食品安全标准，并符合下列要求：

（一）具有与生产经营的食品品种、数量相适应的食品原料处理和食品加工、包装、贮存等场所，保持该场所环境整洁，并与有毒、有害场所以及其他污染源保持规定的距离；

（二）具有与生产经营的食品品种、数量相适应的生产经营设备或者设施，有相应的消毒、更衣、盥洗、采光、照明、通风、防腐、防尘、防蝇、防鼠、防虫、洗涤以及处理废水、存放垃圾和废弃物的设备或者设施；

（三）有专职或者兼职的食品安全专业技术人员、食品安全管理人员和保证食品安全的规章制度；

（四）具有合理的设备布局和工艺流程，防止待加工食品与直接入口食品、原料与成品交叉污染，避免食品接触有毒物、不洁物；

（五）餐具、饮具和盛放直接入口食品的容器，使用前应当洗净、消毒，炊具、用具用后应当洗净，保持清洁；

（六）贮存、运输和装卸食品的容器、工具和设备应当安全、无害，保持清洁，防止食品污染，并符合保证食品安全所需的温度、湿度等特殊要求，不得将食品与有毒、有害物品一同贮存、运输；

（七）直接入口的食品应当使用无毒、清洁的包装材料、餐具、饮具和容器；

（八）食品生产经营人员应当保持个人卫生，生产经营食品时，应当将手洗净，穿戴清洁的工作衣、帽等；销售无包装的直接入口食品时，应当使用无毒、清洁的容器、售货工具和设备；

（九）用水应当符合国家规定的生活饮用水卫生标准；

（十）使用的洗涤剂、消毒剂应当对人体安全、无害；

（十一）法律、法规规定的其他要求。

非食品生产经营者从事食品贮存、运输和装卸的，应当符合前款第六项的规定。

第三十四条　禁止生产经营下列食品、食品添加剂、食品相关产品：

（一）用非食品原料生产的食品或者添加食品添加剂以外的化学物质和其他可能危害人体健康物质的食品，或者用回收食品作为原料生产的食品；

（二）致病性微生物，农药残留、兽药残留、生物毒素、重金属等污染物质以及其他危害人体健康的物质含量超过食品安全标准限量的食品、食品添加剂、食品相关产品；

（三）用超过保质期的食品原料、食品添加剂生产的食品、食品添加剂；

（四）超范围、超限量使用食品添加剂的食品；

（五）营养成分不符合食品安全标准的专供婴幼儿和其他特定人群的主辅食品；

（六）腐败变质、油脂酸败、霉变生虫、污秽不洁、混有异物、掺假掺杂或者感官性状异常的食品、食品添加剂；

（七）病死、毒死或者死因不明的禽、畜、兽、水产动物肉类及其制品；

（八）未按规定进行检疫或者检疫不合格的肉类，或者未经检验或者检验不合格的肉类制品；

（九）被包装材料、容器、运输工具等污染的食品、食品添加剂；

（十）标注虚假生产日期、保质期或者超过保质期的食品、食品添加剂；

（十一）无标签的预包装食品、食品添加剂；

（十二）国家为防病等特殊需要明令禁止生产经营的食品；

（十三）其他不符合法律、法规或者食品安全标准的食品、食品添加剂、食品相关产品。

第三十五条　国家对食品生产经营实行许可制度。从事食品生产、食品销售、餐饮服务，应当依法取得许可。但是，销售食用农产品，不需要取得许可。

县级以上地方人民政府食品药品监督管理部门应当依照《中华人民共和国行政许可法》的规定，审核申请人提交的本法第三十三条第一款第一项至第四项规定要求的相关资料，必要时对申请人的生产经营场所进行现场核查；对符合规定条件的，准予许可；对不符合规定条件的，不予许可并书面说明理由。

第三十六条　食品生产加工小作坊和食品摊贩等从事食品生产经营活动，应当符合本法规定的与其生产经营规模、条件相适应的食品安全要求，保证所生产经营的食品卫生、无毒、无害，食品药品监督管理部门应当对其加强监督管理。

县级以上地方人民政府应当对食品生产加工小作坊、食品摊贩等进行综合治理，加强服务和统一规划，改善其生产经营环境，鼓励和支持其改进生产经营条件，进入集中交易市场、店铺等固定场所经营，或者在指定的临时经营区域、时段经营。

食品生产加工小作坊和食品摊贩等的具体管理办法由省、自治区、直辖市制定。

第三十七条 利用新的食品原料生产食品，或者生产食品添加剂新品种、食品相关产品新品种，应当向国务院卫生行政部门提交相关产品的安全性评估材料。国务院卫生行政部门应当自收到申请之日起六十日内组织审查；对符合食品安全要求的，准予许可并公布；对不符合食品安全要求的，不予许可并书面说明理由。

第三十八条 生产经营的食品中不得添加药品，但是可以添加按照传统既是食品又是中药材的物质。按照传统既是食品又是中药材的物质目录由国务院卫生行政部门会同国务院食品药品监督管理部门制定、公布。

第三十九条 国家对食品添加剂生产实行许可制度。从事食品添加剂生产，应当具有与所生产食品添加剂品种相适应的场所、生产设备或者设施、专业技术人员和管理制度，并依照本法第三十五条第二款规定的程序，取得食品添加剂生产许可。

生产食品添加剂应当符合法律、法规和食品安全国家标准。

第四十条 食品添加剂应当在技术上确有必要且经过风险评估证明安全可靠，方可列入允许使用的范围；有关食品安全国家标准应当根据技术必要性和食品安全风险评估结果及时修订。

食品生产经营者应当按照食品安全国家标准使用食品添加剂。

第四十一条 生产食品相关产品应当符合法律、法规和食品安全国家标准。对直接接触食品的包装材料等具有较高风险的食品相关产品，按照国家有关工业产品生产许可证管理的规定实施生产许可。质量监督部门应当加强对食品相关产品生产活动的监督管理。

第四十二条 国家建立食品安全全程追溯制度。

食品生产经营者应当依照本法的规定，建立食品安全追溯体系，保证食品可追溯。国家鼓励食品生产经营者采用信息化手段采集、留存生产经营信息，建立食品安全追溯体系。

国务院食品药品监督管理部门会同国务院农业行政等有关部门建立食品安全全程追溯协作机制。

第四十三条　地方各级人民政府应当采取措施鼓励食品规模化生产和连锁经营、配送。

国家鼓励食品生产经营企业参加食品安全责任保险。

第二节　生产经营过程控制

第四十四条　食品生产经营企业应当建立健全食品安全管理制度，对职工进行食品安全知识培训，加强食品检验工作，依法从事生产经营活动。

食品生产经营企业的主要负责人应当落实企业食品安全管理制度，对本企业的食品安全工作全面负责。

食品生产经营企业应当配备食品安全管理人员，加强对其培训和考核。经考核不具备食品安全管理能力的，不得上岗。食品药品监督管理部门应当对企业食品安全管理人员随机进行监督抽查考核并公布考核情况。监督抽查考核不得收取费用。

第四十五条　食品生产经营者应当建立并执行从业人员健康管理制度。患有国务院卫生行政部门规定的有碍食品安全疾病的人员，不得从事接触直接入口食品的工作。

从事接触直接入口食品工作的食品生产经营人员应当每年进行健康检查，取得健康证明后方可上岗工作。

第四十六条　食品生产企业应当就下列事项制定并实施控制要求，保证所生产的食品符合食品安全标准：

（一）原料采购、原料验收、投料等原料控制；

（二）生产工序、设备、贮存、包装等生产关键环节控制；

（三）原料检验、半成品检验、成品出厂检验等检验控制；

（四）运输和交付控制。

第四十七条　食品生产经营者应当建立食品安全自查制度，定期对食品安全状况进行检查评价。生产经营条件发生变化，不再符合食品安全要求的，食品生产经营者应当立即采取整改措施；有发生食品安全事故潜在风险的，应当立即停止食品生产经营活动，并向所在地县级人民政府食品药品监督管理部门报告。

第四十八条　国家鼓励食品生产经营企业符合良好生产规范要求，实施危害分析与关键控制点体系，提高食品安全管理水平。

对通过良好生产规范、危害分析与关键控制点体系认证的食品生产经营企业，认证机构应当依法实施跟踪调查；对不再符合认证要求的企业，应当依法撤销认证，及时向县级以上人民政府食品药品监督管理部门通报，并向社会公布。认证机构实施跟踪调查不得收取费用。

第四十九条　食用农产品生产者应当按照食品安全标准和国家有关规定使用农药、肥料、兽药、饲料和饲料添加剂等农业投入品，严格执行农业投入品使用安全间隔期或者休药期的规定，不得使用国家明令禁止的农业投入品。禁止将剧毒、高毒农药用于蔬菜、瓜果、茶叶和中草药材等国家规定的农作物。

食用农产品的生产企业和农民专业合作经济组织应当建立农业投入品使用记录制度。

县级以上人民政府农业行政部门应当加强对农业投入品使用的监督管理和指导，建立健全农业投入品安全使用制度。

第五十条　食品生产者采购食品原料、食品添加剂、食品相关产品，应当查验供货者的许可证和产品合格证明；对无法提供合格证明的食品原料，应当按照食品安全标准进行检验；不得采购或者使用不符合食品安全标准的食品原料、食品添加剂、食品相关产品。

食品生产企业应当建立食品原料、食品添加剂、食品相关产品进货查验记录制度，如实记录食品原料、食品添加剂、食品相关产品的名称、规格、数量、生产日期或者生产批号、保质期、进货日期以及供货者名称、地址、联系方式等内容，并保存相关凭证。记录和凭证保存期限不得少于产品保质期满后六个月；没有明确保质期的，保存期限不得少于二年。

第五十一条　食品生产企业应当建立食品出厂检验记录制度，查验出厂食品的检验合格证和安全状况，如实记录食品的名称、规格、数量、生产日期或者生产批号、保质期、检验合格证号、销售日期以及购货者名称、地址、联系方式等内容，并保存相关凭证。记录和凭证保存期限应当符合本法第五十条第二款的规定。

第五十二条　食品、食品添加剂、食品相关产品的生产者，应当按照食品安全标准对所生产的食品、食品添加剂、食品相关产品进行检验，检验合格后方可出厂或者销售。

第五十三条　食品经营者采购食品，应当查验供货者的许可证和食品出厂检验合格证或者其他合格证明（以下称合格证明文件）。

食品经营企业应当建立食品进货查验记录制度，如实记录食品的名称、规格、数量、生产日期或者生产批号、保质期、进货日期以及供货者名称、地址、联系方式等内容，并保存相关凭证。记录和凭证保存期限应当符合本法第五十条第二款的规定。

实行统一配送经营方式的食品经营企业，可以由企业总部统一查验供货者的许可证和食品合格证明文件，进行食品进货查验记录。

从事食品批发业务的经营企业应当建立食品销售记录制度，如实记录批发食品的名称、规格、数量、生产日期或者生产批号、保质期、销售日期以及购货者名称、地址、联系方式等内容，并保存相关凭证。记录和凭证保存期限应当符合本法第五十条第二款的规定。

第五十四条　食品经营者应当按照保证食品安全的要求贮存食品，定期检查库存食品，及时清理变质或者超过保质期的食品。

食品经营者贮存散装食品，应当在贮存位置标明食品的名称、生产日期或者生产批号、保质期、生产者名称及联系方式等内容。

第五十五条　餐饮服务提供者应当制定并实施原料控制要求，不得采购不符合食品安全标准的食品原料。倡导餐饮服务提供者公开加工过程，公示食品原料及其来源等信息。

餐饮服务提供者在加工过程中应当检查待加工的食品及原料，发现有本法第三十四条第六项规定情形的，不得加工或者使用。

第五十六条　餐饮服务提供者应当定期维护食品加工、贮存、陈列等设施、设备；定期清洗、校验保温设施及冷藏、冷冻设施。

餐饮服务提供者应当按照要求对餐具、饮具进行清洗消毒，不得使用未经清洗消毒的餐具、饮具；餐饮服务提供者委托清洗消毒餐具、饮具的，应当委托符合本法规定条件的餐具、饮具集中消毒服务单位。

第五十七条　学校、托幼机构、养老机构、建筑工地等集中用餐单位的食堂应当严格遵守法律、法规和食品安全标准；从供餐单位订餐的，应当从取得食品生产经营许可的企业订购，并按照要求对订购的食品进行查验。供餐单位应当严格遵守法律、法规和食品安全标准，当餐加工，确保食品安全。

学校、托幼机构、养老机构、建筑工地等集中用餐单位的主管部门应当加强对集中用餐单位的食品安全教育和日常管理，降低食品安全风险，及时消除食品安全隐患。

第五十八条　餐具、饮具集中消毒服务单位应当具备相应的作业场所、清洗消毒设备或者设施，用水和使用的洗涤剂、消毒剂应当符合相关食品安全国家标准和其他国家标准、卫生规范。

餐具、饮具集中消毒服务单位应当对消毒餐具、饮具进行逐批检验，检验合格后方可出厂，并应当随附消毒合格证明。消毒后的餐具、饮具应当在独立包装上标注单位名称、地址、联系方式、消毒日期以及使用期限等内容。

第五十九条 食品添加剂生产者应当建立食品添加剂出厂检验记录制度，查验出厂产品的检验合格证和安全状况，如实记录食品添加剂的名称、规格、数量、生产日期或者生产批号、保质期、检验合格证号、销售日期以及购货者名称、地址、联系方式等相关内容，并保存相关凭证。记录和凭证保存期限应当符合本法第五十条第二款的规定。

第六十条 食品添加剂经营者采购食品添加剂，应当依法查验供货者的许可证和产品合格证明文件，如实记录食品添加剂的名称、规格、数量、生产日期或者生产批号、保质期、进货日期以及供货者名称、地址、联系方式等内容，并保存相关凭证。记录和凭证保存期限应当符合本法第五十条第二款的规定。

第六十一条 集中交易市场的开办者、柜台出租者和展销会举办者，应当依法审查入场食品经营者的许可证，明确其食品安全管理责任，定期对其经营环境和条件进行检查，发现其有违反本法规定行为的，应当及时制止并立即报告所在地县级人民政府食品药品监督管理部门。

第六十二条 网络食品交易第三方平台提供者应当对入网食品经营者进行实名登记，明确其食品安全管理责任；依法应当取得许可证的，还应当审查其许可证。

网络食品交易第三方平台提供者发现入网食品经营者有违反本法规定行为的，应当及时制止并立即报告所在地县级人民政府食品药品监督管理部门；发现严重违法行为的，应当立即停止提供网络交易平台服务。

第六十三条 国家建立食品召回制度。食品生产者发现其生产的食品不符合食品安全标准或者有证据证明可能危害人体健康的，应当立即停止生产，召回已经上市销售的食品，通知相关生产经营者和消费者，并记录召回和通知情况。

食品经营者发现其经营的食品有前款规定情形的，应当立即停止经营，通知相关生产经营者和消费者，并记录停止经营和通知情况。食品生产者认为应当召回的，应当立即召回。由于食品经营者的原因造成其经营的食品有前款规定情形的，食品经营者应当召回。

食品生产经营者应当对召回的食品采取无害化处理、销毁等措施，防止其再次流入市场。但是，对因标签、标志或者说明书不符合食品安全标准而被召回的食品，食品生产者在采取补救措施且能保证食品安全的情况下可以继续销售；销售时应当向消费者明示补救措施。

食品生产经营者应当将食品召回和处理情况向所在地县级人民政府食品药品监督管理部门报告；需要对召回的食品进行无害化处理、销毁的，应当提前报告时间、地点。食品药品监督管理部门认为必要的，可以实施现场监督。

食品生产经营者未依照本条规定召回或者停止经营的，县级以上人民政府食品药品监督管理部门可以责令其召回或者停止经营。

第六十四条　食用农产品批发市场应当配备检验设备和检验人员或者委托符合本法规定的食品检验机构，对进入该批发市场销售的食用农产品进行抽样检验；发现不符合食品安全标准的，应当要求销售者立即停止销售，并向食品药品监督管理部门报告。

第六十五条　食用农产品销售者应当建立食用农产品进货查验记录制度，如实记录食用农产品的名称、数量、进货日期以及供货者名称、地址、联系方式等内容，并保存相关凭证。记录和凭证保存期限不得少于六个月。

第六十六条　进入市场销售的食用农产品在包装、保鲜、贮存、运输中使用保鲜剂、防腐剂等食品添加剂和包装材料等食品相关产品，应当符合食品安全国家标准。

第三节　标签、说明书和广告

第六十七条　预包装食品的包装上应当有标签。标签应当标明下列事项：

（一）名称、规格、净含量、生产日期；

（二）成分或者配料表；

（三）生产者的名称、地址、联系方式；

（四）保质期；

（五）产品标准代号；

（六）贮存条件；

（七）所使用的食品添加剂在国家标准中的通用名称；

（八）生产许可证编号；

（九）法律、法规或者食品安全标准规定应当标明的其他事项。

专供婴幼儿和其他特定人群的主辅食品，其标签还应当标明主要营养成分及其含量。

食品安全国家标准对标签标注事项另有规定的，从其规定。

第六十八条　食品经营者销售散装食品，应当在散装食品的容器、外包装上标明食品的名称、生产日期或者生产批号、保质期以及生产经营者名称、地址、联系方式等内容。

第六十九条　生产经营转基因食品应当按照规定显著标示。

第七十条　食品添加剂应当有标签、说明书和包装。标签、说明书应当载明本法第六十七条第一款第一项至第六项、第八项、第九项规定的事项，以及食品添加剂的使用范围、用量、使用方法，并在标签上载明"食品添加剂"字样。

第七十一条　食品和食品添加剂的标签、说明书，不得含有虚假内容，不得涉及疾病预防、治疗功能。生产经营者对其提供的标签、说明书的内容负责。

食品和食品添加剂的标签、说明书应当清楚、明显，生产日期、保质期等事项应当显著标注，容易辨识。

食品和食品添加剂与其标签、说明书的内容不符的，不得上市销售。

第七十二条　食品经营者应当按照食品标签标示的警示标志、警示说明或者注意事项的要求销售食品。

第七十三条　食品广告的内容应当真实合法，不得含有虚假内容，不得涉及疾病预防、治疗功能。食品生产经营者对食品广告内容的真实性、合法性负责。

县级以上人民政府食品药品监督管理部门和其他有关部门以及食品检验机构、食品行业协会不得以广告或者其他形式向消费者推荐食品。消费者组织不得以收取费用或者其他牟取利益的方式向消费者推荐食品。

第四节　特殊食品

第七十四条　国家对保健食品、特殊医学用途配方食品和婴幼儿配方食品等特殊食品实行严格监督管理。

第七十五条　保健食品声称保健功能，应当具有科学依据，不得对人体产生急性、亚急性或者慢性危害。

保健食品原料目录和允许保健食品声称的保健功能目录，由国务院食品药品监督管理部门会同国务院卫生行政部门、国家中医药管理部门制定、调整并公布。

保健食品原料目录应当包括原料名称、用量及其对应的功效；列入保健食品原料目录的原料只能用于保健食品生产，不得用于其他食品生产。

第七十六条 使用保健食品原料目录以外原料的保健食品和首次进口的保健食品应当经国务院食品药品监督管理部门注册。但是，首次进口的保健食品中属于补充维生素、矿物质等营养物质的，应当报国务院食品药品监督管理部门备案。其他保健食品应当报省、自治区、直辖市人民政府食品药品监督管理部门备案。

进口的保健食品应当是出口国（地区）主管部门准许上市销售的产品。

第七十七条 依法应当注册的保健食品，注册时应当提交保健食品的研发报告、产品配方、生产工艺、安全性和保健功能评价、标签、说明书等材料及样品，并提供相关证明文件。国务院食品药品监督管理部门经组织技术审评，对符合安全和功能声称要求的，准予注册；对不符合要求的，不予注册并书面说明理由。对使用保健食品原料目录以外原料的保健食品作出准予注册决定的，应当及时将该原料纳入保健食品原料目录。

依法应当备案的保健食品，备案时应当提交产品配方、生产工艺、标签、说明书以及表明产品安全性和保健功能的材料。

第七十八条 保健食品的标签、说明书不得涉及疾病预防、治疗功能，内容应当真实，与注册或者备案的内容相一致，载明适宜人群、不适宜人群、功效成分或者标志性成分及其含量等，并声明"本品不能代替药物"。保健食品的功能和成分应当与标签、说明书相一致。

第七十九条 保健食品广告除应当符合本法第七十三条第一款的规定外，还应当声明"本品不能代替药物"；其内容应当经生产企业所在地省、自治区、直辖市人民政府食品药品监督管理部门审查批准，取得保健食品广告批准文件。省、自治区、直辖市人民政府食品药品监督管理部门应当公布并及时更新已经批准的保健食品广告目录以及批准的广告内容。

第八十条 特殊医学用途配方食品应当经国务院食品药品监督管理部门注册。注册时，应当提交产品配方、生产工艺、标签、说明书以及表明产品安全性、营养充足性和特殊医学用途临床效果的材料。

特殊医学用途配方食品广告适用《中华人民共和国广告法》和其他法律、行政法规关于药品广告管理的规定。

第八十一条 婴幼儿配方食品生产企业应当实施从原料进厂到成品出厂的全过程质量控制，对出厂的婴幼儿配方食品实施逐批检验，保证食品安全。

生产婴幼儿配方食品使用的生鲜乳、辅料等食品原料、食品添加剂等，应当符合法律、行政法规的规定和食品安全国家标准，保证婴幼儿生长发育所需的营养成分。

婴幼儿配方食品生产企业应当将食品原料、食品添加剂、产品配方及标签等事项向省、自治区、直辖市人民政府食品药品监督管理部门备案。

婴幼儿配方乳粉的产品配方应当经国务院食品药品监督管理部门注册。注册时，应当提交配方研发报告和其他表明配方科学性、安全性的材料。

不得以分装方式生产婴幼儿配方乳粉，同一企业不得用同一配方生产不同品牌的婴幼儿配方乳粉。

第八十二条 保健食品、特殊医学用途配方食品、婴幼儿配方乳粉的注册人或者备案人应当对其提交材料的真实性负责。

省级以上人民政府食品药品监督管理部门应当及时公布注册或者备案的保健食品、特殊医学用途配方食品、婴幼儿配方乳粉目录，并对注册或者备案中获知的企业商业秘密予以保密。

保健食品、特殊医学用途配方食品、婴幼儿配方乳粉生产企业应当按照注册或者备案的产品配方、生产工艺等技术要求组织生产。

第八十三条 生产保健食品，特殊医学用途配方食品、婴幼儿配方食品和其他专供特定人群的主辅食品的企业，应当按照良好生产规范的要求建立与所生产食品相适应的生产质量管理体系，定期对该体系的运行情况进行自查，保证其有效运行，并向所在地县级人民政府食品药品监督管理部门提交自查报告。

第五章　食品检验

第八十四条 食品检验机构按照国家有关认证认可的规定取得资质认定后，方可从事食品检验活动。但是，法律另有规定的除外。

食品检验机构的资质认定条件和检验规范，由国务院食品药品监督管理部门规定。

符合本法规定的食品检验机构出具的检验报告具有同等效力。

县级以上人民政府应当整合食品检验资源，实现资源共享。

第八十五条 食品检验由食品检验机构指定的检验人独立进行。

检验人应当依照有关法律、法规的规定，并按照食品安全标准和检验规范对食品进行检验，尊重科学，恪守职业道德，保证出具的检验数据和结论客观、公正，不得出具虚假检验报告。

第八十六条 食品检验实行食品检验机构与检验人负责制。食品检验报告应当加盖食品检验机构公章，并有检验人的签名或者盖章。食品检验机构和检验人对出具的食品检验报告负责。

第八十七条 县级以上人民政府食品药品监督管理部门应当对食品进行定期或者不定期的抽样检验，并依据有关规定公布检验结果，不得免检。进行抽样检验，应当购买抽取的样品，委托符合本法规定的食品检验机构进行检验，并支付相关费用；不得向食品生产经营者收取检验费和其他费用。

第八十八条 对依照本法规定实施的检验结论有异议的，食品生产经营者可以自收到检验结论之日起七个工作日内向实施抽样检验的食品药品监督管理部门或者其上一级食品药品监督管理部门提出复检申请，由受理复检申请的食品药品监督管理部门在公布的复检机构名录中随机确定复检机构进行复检。复检机构出具的复检结论为最终检验结论。复检机构与初检机构不得为同一机构。复检机构名录由国务院认证认可监督管理、食品药品监督管理、卫生行政、农业行政等部门共同公布。

采用国家规定的快速检测方法对食用农产品进行抽查检测，被抽查人对检测结果有异议的，可以自收到检测结果时起四小时内申请复检。复检不得采用快速检测方法。

第八十九条 食品生产企业可以自行对所生产的食品进行检验，也可以委托符合本法规定的食品检验机构进行检验。

食品行业协会和消费者协会等组织、消费者需要委托食品检验机构对食品进行检验的，应当委托符合本法规定的食品检验机构进行。

第九十条 食品添加剂的检验，适用本法有关食品检验的规定。

第六章　食品进出口

第九十一条 国家出入境检验检疫部门对进出口食品安全实施监督管理。

第九十二条 进口的食品、食品添加剂、食品相关产品应当符合我国食品安全国家标准。

进口的食品、食品添加剂应当经出入境检验检疫机构依照进出口商品检验相关法律、行政法规的规定检验合格。

进口的食品、食品添加剂应当按照国家出入境检验检疫部门的要求随附合格证明材料。

第九十三条 进口尚无食品安全国家标准的食品，由境外出口商、境外生产企业或者其委托的进口商向国务院卫生行政部门提交所执行的相关国家（地区）标准或者国际标准。国务院卫生行政部门对相关标准进行审查，认为符合食品安全要求的，决定暂予适用，并及时制定相应的食品安全国家标准。进口利用新的食品原料生产的食品或者进口食品添加剂新品种、食品相关产品新品种，依照本法第三十七条的规定办理。

出入境检验检疫机构按照国务院卫生行政部门的要求，对前款规定的食品、食品添加剂、食品相关产品进行检验。检验结果应当公开。

第九十四条 境外出口商、境外生产企业应当保证向我国出口的食品、食品添加剂、食品相关产品符合本法以及我国其他有关法律、行政法规的规定和食品安全国家标准的要求，并对标签、说明书的内容负责。

进口商应当建立境外出口商、境外生产企业审核制度，重点审核前款规定的内容；审核不合格的，不得进口。

发现进口食品不符合我国食品安全国家标准或者有证据证明可能危害人体健康的，进口商应当立即停止进口，并依照本法第六十三条的规定召回。

第九十五条 境外发生的食品安全事件可能对我国境内造成影响，或者在进口食品、食品添加剂、食品相关产品中发现严重食品安全问题的，国家出入境检验检疫部门应当及时采取风险预警或者控制措施，并向国务院食品药品监督管理、卫生行政、农业行政部门通报。接到通报的部门应当及时采取相应措施。

县级以上人民政府食品药品监督管理部门对国内市场上销售的进口食品、食品添加剂实施监督管理。发现存在严重食品安全问题的，国务院食品药品监督管理部门应当及时向国家出入境检验检疫部门通报。国家出入境检验检疫部门应当及时采取相应措施。

第九十六条 向我国境内出口食品的境外出口商或者代理商、进口食品的进口商应当向国家出入境检验检疫部门备案。向我国境内出口食品的境外食品生产企业应当经国家出入境检验检疫部门注册。已经注册的境外食品生产企业提供虚假材料，或者因其自身的原因致使进口食品发生重大食品安全事故的，国家出入境检验检疫部门应当撤销注册并公告。

国家出入境检验检疫部门应当定期公布已经备案的境外出口商、代理商、进口商和已经注册的境外食品生产企业名单。

第九十七条　进口的预包装食品、食品添加剂应当有中文标签；依法应当有说明书的，还应当有中文说明书。标签、说明书应当符合本法以及我国其他有关法律、行政法规的规定和食品安全国家标准的要求，并载明食品的原产地以及境内代理商的名称、地址、联系方式。预包装食品没有中文标签、中文说明书或者标签、说明书不符合本条规定的，不得进口。

第九十八条　进口商应当建立食品、食品添加剂进口和销售记录制度，如实记录食品、食品添加剂的名称、规格、数量、生产日期、生产或者进口批号、保质期、境外出口商和购货者名称、地址及联系方式、交货日期等内容，并保存相关凭证。记录和凭证保存期限应当符合本法第五十条第二款的规定。

第九十九条　出口食品生产企业应当保证其出口食品符合进口国（地区）的标准或者合同要求。

出口食品生产企业和出口食品原料种植、养殖场应当向国家出入境检验检疫部门备案。

第一百条　国家出入境检验检疫部门应当收集、汇总下列进出口食品安全信息，并及时通报相关部门、机构和企业：

（一）出入境检验检疫机构对进出口食品实施检验检疫发现的食品安全信息；

（二）食品行业协会和消费者协会等组织、消费者反映的进口食品安全信息；

（三）国际组织、境外政府机构发布的风险预警信息及其他食品安全信息，以及境外食品行业协会等组织、消费者反映的食品安全信息；

（四）其他食品安全信息。

国家出入境检验检疫部门应当对进出口食品的进口商、出口商和出口食品生产企业实施信用管理，建立信用记录，并依法向社会公布。对有不良记录的进口商、出口商和出口食品生产企业，应当加强对其进出口食品的检验检疫。

第一百零一条　国家出入境检验检疫部门可以对向我国境内出口食品的国家（地区）的食品安全管理体系和食品安全状况进行评估和审查，并根据评估和审查结果，确定相应检验检疫要求。

第七章　食品安全事故处置

第一百零二条　国务院组织制定国家食品安全事故应急预案。

县级以上地方人民政府应当根据有关法律、法规的规定和上级人民政府的食品安全事故应急预案以及本行政区域的实际情况，制定本行政区域的食品安全事故应急预案，并报上一级人民政府备案。

食品安全事故应急预案应当对食品安全事故分级、事故处置组织指挥体系与职责、预防预警机制、处置程序、应急保障措施等作出规定。

食品生产经营企业应当制定食品安全事故处置方案，定期检查本企业各项食品安全防范措施的落实情况，及时消除事故隐患。

第一百零三条 发生食品安全事故的单位应当立即采取措施，防止事故扩大。事故单位和接收病人进行治疗的单位应当及时向事故发生地县级人民政府食品药品监督管理、卫生行政部门报告。

县级以上人民政府质量监督、农业行政等部门在日常监督管理中发现食品安全事故或者接到事故举报，应当立即向同级食品药品监督管理部门通报。

发生食品安全事故，接到报告的县级人民政府食品药品监督管理部门应当按照应急预案的规定向本级人民政府和上级人民政府食品药品监督管理部门报告。县级人民政府和上级人民政府食品药品监督管理部门应当按照应急预案的规定上报。

任何单位和个人不得对食品安全事故隐瞒、谎报、缓报，不得隐匿、伪造、毁灭有关证据。

第一百零四条 医疗机构发现其接收的病人属于食源性疾病病人或者疑似病人的，应当按照规定及时将相关信息向所在地县级人民政府卫生行政部门报告。县级人民政府卫生行政部门认为与食品安全有关的，应当及时通报同级食品药品监督管理部门。

县级以上人民政府卫生行政部门在调查处理传染病或者其他突发公共卫生事件中发现与食品安全相关的信息，应当及时通报同级食品药品监督管理部门。

第一百零五条 县级以上人民政府食品药品监督管理部门接到食品安全事故的报告后，应当立即会同同级卫生行政、质量监督、农业行政等部门进行调查处理，并采取下列措施，防止或者减轻社会危害：

（一）开展应急救援工作，组织救治因食品安全事故导致人身伤害的人员；

（二）封存可能导致食品安全事故的食品及其原料，并立即进行检验；对确认属于被污染的食品及其原料，责令食品生产经营者依照本法第六十三条的规定召回或者停止经营；

（三）封存被污染的食品相关产品，并责令进行清洗消毒；

（四）做好信息发布工作，依法对食品安全事故及其处理情况进行发布，并对可能产生的危害加以解释、说明。

发生食品安全事故需要启动应急预案的，县级以上人民政府应当立即成立事故处置指挥机构，启动应急预案，依照前款和应急预案的规定进行处置。

发生食品安全事故，县级以上疾病预防控制机构应当对事故现场进行卫生处理，并对与事故有关的因素开展流行病学调查，有关部门应当予以协助。县级以上疾病预防控制机构应当向同级食品药品监督管理、卫生行政部门提交流行病学调查报告。

第一百零六条 发生食品安全事故，设区的市级以上人民政府食品药品监督管理部门应当立即会同有关部门进行事故责任调查，督促有关部门履行职责，向本级人民政府和上一级人民政府食品药品监督管理部门提出事故责任调查处理报告。

涉及两个以上省、自治区、直辖市的重大食品安全事故由国务院食品药品监督管理部门依照前款规定组织事故责任调查。

第一百零七条 调查食品安全事故，应当坚持实事求是、尊重科学的原则，及时、准确查清事故性质和原因，认定事故责任，提出整改措施。

调查食品安全事故，除了查明事故单位的责任，还应当查明有关监督管理部门、食品检验机构、认证机构及其工作人员的责任。

第一百零八条 食品安全事故调查部门有权向有关单位和个人了解与事故有关的情况，并要求提供相关资料和样品。有关单位和个人应当予以配合，按照要求提供相关资料和样品，不得拒绝。

任何单位和个人不得阻挠、干涉食品安全事故的调查处理。

第八章 监督管理

第一百零九条 县级以上人民政府食品药品监督管理、质量监督部门根据食品安全风险监测、风险评估结果和食品安全状况等，确定监督管理的重点、方式和频次，实施风险分级管理。

县级以上地方人民政府组织本级食品药品监督管理、质量监督、农业行政等部门制定本行政区域的食品安全年度监督管理计划，向社会公布并组织实施。

食品安全年度监督管理计划应当将下列事项作为监督管理的重点：

（一）专供婴幼儿和其他特定人群的主辅食品；

（二）保健食品生产过程中的添加行为和按照注册或者备案的技术要求组织生产的情况，保健食品标签、说明书以及宣传材料中有关功能宣传的情况；

（三）发生食品安全事故风险较高的食品生产经营者；

（四）食品安全风险监测结果表明可能存在食品安全隐患的事项。

第一百一十条 县级以上人民政府食品药品监督管理、质量监督部门履行各自食品安全监督管理职责，有权采取下列措施，对生产经营者遵守本法的情况进行监督检查：

（一）进入生产经营场所实施现场检查；

（二）对生产经营的食品、食品添加剂、食品相关产品进行抽样检验；

（三）查阅、复制有关合同、票据、账簿以及其他有关资料；

（四）查封、扣押有证据证明不符合食品安全标准或者有证据证明存在安全隐患以及用于违法生产经营的食品、食品添加剂、食品相关产品；

（五）查封违法从事生产经营活动的场所。

第一百一十一条 对食品安全风险评估结果证明食品存在安全隐患，需要制定、修订食品安全标准的，在制定、修订食品安全标准前，国务院卫生行政部门应当及时会同国务院有关部门规定食品中有害物质的临时限量值和临时检验方法，作为生产经营和监督管理的依据。

第一百一十二条 县级以上人民政府食品药品监督管理部门在食品安全监督管理工作中可以采用国家规定的快速检测方法对食品进行抽查检测。

对抽查检测结果表明可能不符合食品安全标准的食品，应当依照本法第八十七条的规定进行检验。抽查检测结果确定有关食品不符合食品安全标准的，可以作为行政处罚的依据。

第一百一十三条 县级以上人民政府食品药品监督管理部门应当建立食品生产经营者食品安全信用档案，记录许可颁发、日常监督检查结果、违法行为查处等情况，依法向社会公布并实时更新；对有不良信用记录的食品生产经营者增加监督检查频次，对违法行为情节严重的食品生产经营者，可以通报投资主管部门、证券监督管理机构和有关的金融机构。

第一百一十四条 食品生产经营过程中存在食品安全隐患，未及时采取措施消除的，县级以上人民政府食品药品监督管理部门可以对食品生产经营者的法定代表人或者主要负责人进行责任约谈。食品生产经营者应当立即采取措施，进行整改，消除隐患。责任约谈情况和整改情况应当纳入食品生产经营者食品安全信用档案。

第一百一十五条 县级以上人民政府食品药品监督管理、质量监督等部门应当公布本部门的电子邮件地址或者电话，接受咨询、投诉、举报。接到咨询、投诉、举报，对属于本部门职责的，应当受理并在法定期限内及时答复、核实、处理；对不属于本部门职责的，应当移交有权处理的部门并书面通知咨询、投诉、举报人。有权处理的部门应当在法定期限内及时处理，不得推诿。对查证属实的举报，给予举报人奖励。

有关部门应当对举报人的信息予以保密，保护举报人的合法权益。举报人举报所在企业的，该企业不得以解除、变更劳动合同或者其他方式对举报人进行打击报复。

第一百一十六条 县级以上人民政府食品药品监督管理、质量监督等部门应当加强对执法人员食品安全法律、法规、标准和专业知识与执法能力等的培训，并组织考核。不具备相应知识和能力的，不得从事食品安全执法工作。

食品生产经营者、食品行业协会、消费者协会等发现食品安全执法人员在执法过程中有违反法律、法规规定的行为以及不规范执法行为的，可以向本级或者上级人民政府食品药品监督管理、质量监督等部门或者监察机关投诉、举报。接到投诉、举报的部门或者机关应当进行核实，并将经核实的情况向食品安全执法人员所在部门通报；涉嫌违法违纪的，按照本法和有关规定处理。

第一百一十七条 县级以上人民政府食品药品监督管理等部门未及时发现食品安全系统性风险，未及时消除监督管理区域内的食品安全隐患的，本级人民政府可以对其主要负责人进行责任约谈。

地方人民政府未履行食品安全职责，未及时消除区域性重大食品安全隐患的，上级人民政府可以对其主要负责人进行责任约谈。

被约谈的食品药品监督管理等部门、地方人民政府应当立即采取措施，对食品安全监督管理工作进行整改。

责任约谈情况和整改情况应当纳入地方人民政府和有关部门食品安全监督管理工作评议、考核记录。

第一百一十八条 国家建立统一的食品安全信息平台，实行食品安全信息统一公布制度。国家食品安全总体情况、食品安全风险警示信息、重大食品安全事故及其调查处理信息和国务院确定需要统一公布的其他信息由国务院食品药品监督管理部门统一公布。食品安全风险警示信息和重大食品安全事故及其调查处理信息的影响限于特定区域的，也可以由有关省、自治区、直辖市人民政府食品药品监督管理部门公布。未经授权不得发布上述信息。

县级以上人民政府食品药品监督管理、质量监督、农业行政部门依据各自职责公布食品安全日常监督管理信息。

公布食品安全信息，应当做到准确、及时，并进行必要的解释说明，避免误导消费者和社会舆论。

第一百一十九条　县级以上地方人民政府食品药品监督管理、卫生行政、质量监督、农业行政部门获知本法规定需要统一公布的信息，应当向上级主管部门报告，由上级主管部门立即报告国务院食品药品监督管理部门；必要时，可以直接向国务院食品药品监督管理部门报告。

县级以上人民政府食品药品监督管理、卫生行政、质量监督、农业行政部门应当相互通报获知的食品安全信息。

第一百二十条　任何单位和个人不得编造、散布虚假食品安全信息。

县级以上人民政府食品药品监督管理部门发现可能误导消费者和社会舆论的食品安全信息，应当立即组织有关部门、专业机构、相关食品生产经营者等进行核实、分析，并及时公布结果。

第一百二十一条　县级以上人民政府食品药品监督管理、质量监督等部门发现涉嫌食品安全犯罪的，应当按照有关规定及时将案件移送公安机关。对移送的案件，公安机关应当及时审查；认为有犯罪事实需要追究刑事责任的，应当立案侦查。

公安机关在食品安全犯罪案件侦查过程中认为没有犯罪事实，或者犯罪事实显著轻微，不需要追究刑事责任，但依法应当追究行政责任的，应当及时将案件移送食品药品监督管理、质量监督等部门和监察机关，有关部门应当依法处理。

公安机关商请食品药品监督管理、质量监督、环境保护等部门提供检验结论、认定意见以及对涉案物品进行无害化处理等协助的，有关部门应当及时提供，予以协助。

第九章　法律责任

第一百二十二条　违反本法规定，未取得食品生产经营许可从事食品生产经营活动，或者未取得食品添加剂生产许可从事食品添加剂生产活动的，由县级以上人民政府食品药品监督管理部门没收违法所得和违法生产经营的食品、食品添加剂以及用于违法生产经营的工具、设备、原料等物品；违法生产经营的食品、食品添加剂货值金额不足一万元的，并处五万元以上十万元以下罚款；货值金额一万元以上的，并处货值金额十倍以上二十倍以下罚款。

明知从事前款规定的违法行为，仍为其提供生产经营场所或者其他条件的，由县级以上人民政府食品药品监督管理部门责令停止违法行为，没收违法所得，并处五万元以上十万元以下罚款；使消费者的合法权益受到损害的，应当与食品、食品添加剂生产经营者承担连带责任。

第一百二十三条　违反本法规定，有下列情形之一，尚不构成犯罪的，由县级以上人民政府食品药品监督管理部门没收违法所得和违法生产经营的食品，并可以没收用于违法生产经营的工具、设备、原料等物品；违法生产经营的食品货值金额不足一万元的，并处十万元以上十五万元以下罚款；货值金额一万元以上的，并处货值金额十五倍以上三十倍以下罚款；情节严重的，吊销许可证，并可以由公安机关对其直接负责的主管人员和其他直接责任人员处五日以上十五日以下拘留：

（一）用非食品原料生产食品、在食品中添加食品添加剂以外的化学物质和其他可能危害人体健康的物质，或者用回收食品作为原料生产食品，或者经营上述食品；

（二）生产经营营养成分不符合食品安全标准的专供婴幼儿和其他特定人群的主辅食品；

（三）经营病死、毒死或者死因不明的禽、畜、兽、水产动物肉类，或者生产经营其制品；

（四）经营未按规定进行检疫或者检疫不合格的肉类，或者生产经营未经检验或者检验不合格的肉类制品；

（五）生产经营国家为防病等特殊需要明令禁止生产经营的食品；

（六）生产经营添加药品的食品。

明知从事前款规定的违法行为，仍为其提供生产经营场所或者其他条件的，由县级以上人民政府食品药品监督管理部门责令停止违法行为，没收违法所得，并处十万元以上二十万元以下罚款；使消费者的合法权益受到损害的，应当与食品生产经营者承担连带责任。

违法使用剧毒、高毒农药的，除依照有关法律、法规规定给予处罚外，可以由公安机关依照第一款规定给予拘留。

第一百二十四条 违反本法规定，有下列情形之一，尚不构成犯罪的，由县级以上人民政府食品药品监督管理部门没收违法所得和违法生产经营的食品、食品添加剂，并可以没收用于违法生产经营的工具、设备、原料等物品；违法生产经营的食品、食品添加剂货值金额不足一万元的，并处五万元以上十万元以下罚款；货值金额一万元以上的，并处货值金额十倍以上二十倍以下罚款；情节严重的，吊销许可证：

（一）生产经营致病性微生物，农药残留、兽药残留、生物毒素、重金属等污染物质以及其他危害人体健康的物质含量超过食品安全标准限量的食品、食品添加剂；

（二）用超过保质期的食品原料、食品添加剂生产食品、食品添加剂，或者经营上述食品、食品添加剂；

（三）生产经营超范围、超限量使用食品添加剂的食品；

（四）生产经营腐败变质、油脂酸败、霉变生虫、污秽不洁、混有异物、掺假掺杂或者感官性状异常的食品、食品添加剂；

（五）生产经营标注虚假生产日期、保质期或者超过保质期的食品、食品添加剂；

（六）生产经营未按规定注册的保健食品、特殊医学用途配方食品、婴幼儿配方乳粉，或者未按注册的产品配方、生产工艺等技术要求组织生产；

（七）以分装方式生产婴幼儿配方乳粉，或者同一企业以同一配方生产不同品牌的婴幼儿配方乳粉；

（八）利用新的食品原料生产食品，或者生产食品添加剂新品种，未通过安全性评估；

（九）食品生产经营者在食品药品监督管理部门责令其召回或者停止经营后，仍拒不召回或者停止经营。

除前款和本法第一百二十三条、第一百二十五条规定的情形外，生产经营不符合法律、法规或者食品安全标准的食品、食品添加剂的，依照前款规定给予处罚。

生产食品相关产品新品种，未通过安全性评估，或者生产不符合食品安全标准的食品相关产品的，由县级以上人民政府质量监督部门依照第一款规定给予处罚。

第一百二十五条 违反本法规定，有下列情形之一的，由县级以上人民政府食品药品监督管理部门没收违法所得和违法生产经营的食品、食品添加剂，并可以没收用于违法生产经营的工具、设备、原料等物品；违法生产经营的食品、食品添加剂货值金额不足一万元的，并处五千元以上五万元以下罚款；货值金额一万元以上的，并处货值金额五倍以上十倍以下罚款；情节严重的，责令停产停业，直至吊销许可证：

（一）生产经营被包装材料、容器、运输工具等污染的食品、食品添加剂；

（二）生产经营无标签的预包装食品、食品添加剂或者标签、说明书不符合本法规定的食品、食品添加剂；

（三）生产经营转基因食品未按规定进行标示；

（四）食品生产经营者采购或者使用不符合食品安全标准的食品原料、食品添加剂、食品相关产品。

生产经营的食品、食品添加剂的标签、说明书存在瑕疵但不影响食品安全且不会对消费者造成误导的，由县级以上人民政府食品药品监督管理部门责令改正；拒不改正的，处二千元以下罚款。

第一百二十六条 违反本法规定，有下列情形之一的，由县级以上人民政府食品药品监督管理部门责令改正，给予警告；拒不改正的，处五千元以上五万元以下罚款；情节严重的，责令停产停业，直至吊销许可证：

（一）食品、食品添加剂生产者未按规定对采购的食品原料和生产的食品、食品添加剂进行检验；

（二）食品生产经营企业未按规定建立食品安全管理制度，或者未按规定配备或者培训、考核食品安全管理人员；

（三）食品、食品添加剂生产经营者进货时未查验许可证和相关证明文件，或者未按规定建立并遵守进货查验记录、出厂检验记录和销售记录制度；

（四）食品生产经营企业未制定食品安全事故处置方案；

（五）餐具、饮具和盛放直接入口食品的容器，使用前未经洗净、消毒或者清洗消毒不合格，或者餐饮服务设施、设备未按规定定期维护、清洗、校验；

（六）食品生产经营者安排未取得健康证明或者患有国务院卫生行政部门规定的有碍食品安全疾病的人员从事接触直接入口食品的工作；

（七）食品经营者未按规定要求销售食品；

（八）保健食品生产企业未按规定向食品药品监督管理部门备案，或者未按备案的产品配方、生产工艺等技术要求组织生产；

（九）婴幼儿配方食品生产企业未将食品原料、食品添加剂、产品配方、标签等向食品药品监督管理部门备案；

（十）特殊食品生产企业未按规定建立生产质量管理体系并有效运行，或者未定期提交自查报告；

（十一）食品生产经营者未定期对食品安全状况进行检查评价，或者生产经营条件发生变化，未按规定处理；

（十二）学校、托幼机构、养老机构、建筑工地等集中用餐单位未按规定履行食品安全管理责任；

（十三）食品生产企业、餐饮服务提供者未按规定制定、实施生产经营过程控制要求。

餐具、饮具集中消毒服务单位违反本法规定用水，使用洗涤剂、消毒剂，或者出厂的餐具、饮具未按规定检验合格并随附消毒合格证明，或者未按规定在独立包装上标注相关内容的，由县级以上人民政府卫生行政部门依照前款规定给予处罚。

食品相关产品生产者未按规定对生产的食品相关产品进行检验的，由县级以上人民政府质量监督部门依照第一款规定给予处罚。

食用农产品销售者违反本法第六十五条规定的，由县级以上人民政府食品药品监督管理部门依照第一款规定给予处罚。

第一百二十七条 对食品生产加工小作坊、食品摊贩等的违法行为的处罚，依照省、自治区、直辖市制定的具体管理办法执行。

第一百二十八条 违反本法规定，事故单位在发生食品安全事故后未进行处置、报告的，由有关主管部门按照各自职责分工责令改正，给予警告；隐匿、伪造、毁灭有关证据的，责令停产停业，没收违法所得，并处十万元以上五十万元以下罚款；造成严重后果的，吊销许可证。

第一百二十九条 违反本法规定，有下列情形之一的，由出入境检验检疫机构依照本法第一百二十四条的规定给予处罚：

（一）提供虚假材料，进口不符合我国食品安全国家标准的食品、食品添加剂、食品相关产品；

（二）进口尚无食品安全国家标准的食品，未提交所执行的标准并经国务院卫生行政部门审查，或者进口利用新的食品原料生产的食品或者进口食品添加剂新品种、食品相关产品新品种，未通过安全性评估；

（三）未遵守本法的规定出口食品；

（四）进口商在有关主管部门责令其依照本法规定召回进口的食品后，仍拒不召回。

违反本法规定，进口商未建立并遵守食品、食品添加剂进口和销售记录制度、境外出口商或者生产企业审核制度的，由出入境检验检疫机构依照本法第一百二十六条的规定给予处罚。

第一百三十条 违反本法规定，集中交易市场的开办者、柜台出租者、展销会的举办者允许未依法取得许可的食品经营者进入市场销售食品，或者未履行检查、报告等义务的，由县级以上人民政府食品药品监督管理部门责令改正，没收违法所得，并处五万元以上二十万元以下罚款；造成严重后果的，责令停业，直至由原发证部门吊销许可证；使消费者的合法权益受到损害的，应当与食品经营者承担连带责任。

食用农产品批发市场违反本法第六十四条规定的，依照前款规定承担责任。

第一百三十一条 违反本法规定，网络食品交易第三方平台提供者未对入网食品经营者进行实名登记、审查许可证，或者未履行报告、停止提供网络交易平台服务等义务的，由县级以上人民政府食品药品监督管理部门责令改正，没收违法所得，并处五万元以上二十万元以下罚款；造成严重后果的，责令停业，直至由原发证部门吊销许可证；使消费者的合法权益受到损害的，应当与食品经营者承担连带责任。

消费者通过网络食品交易第三方平台购买食品，其合法权益受到损害的，可以向入网食品经营者或者食品生产者要求赔偿。网络食品交易第三方平台提供者不能提供入网食品经营者的真实名称、地址和有效联系方式的，由网络食品交易第三方平台提供者赔偿。网络食品交易第三方平台提供者赔偿后，有权向入网食品经营者或者食品生产者追偿。网络食品交易第三方平台提供者作出更有利于消费者承诺的，应当履行其承诺。

第一百三十二条 违反本法规定，未按要求进行食品贮存、运输和装卸的，由县级以上人民政府食品药品监督管理等部门按照各自职责分工责令改正，给予警告；拒不改正的，责令停产停业，并处一万元以上五万元以下罚款；情节严重的，吊销许可证。

第一百三十三条 违反本法规定，拒绝、阻挠、干涉有关部门、机构及其工作人员依法开展食品安全监督检查、事故调查处理、风险监测和风险评估的，由有关主管部门按照各自职责分工责令停产停业，并处二千元以上五万元以下罚款；情节严重的，吊销许可证；构成违反治安管理行为的，由公安机关依法给予治安管理处罚。

违反本法规定，对举报人以解除、变更劳动合同或者其他方式打击报复的，应当依照有关法律的规定承担责任。

第一百三十四条 食品生产经营者在一年内累计三次因违反本法规定受到责令停产停业、吊销许可证以外处罚的，由食品药品监督管理部门责令停产停业，直至吊销许可证。

第一百三十五条 被吊销许可证的食品生产经营者及其法定代表人、直接负责的主管人员和其他直接责任人员自处罚决定作出之日起五年内不得申请食品生产经营许可，或者从事食品生产经营管理工作、担任食品生产经营企业食品安全管理人员。

因食品安全犯罪被判处有期徒刑以上刑罚的，终身不得从事食品生产经营管理工作，也不得担任食品生产经营企业食品安全管理人员。

食品生产经营者聘用人员违反前两款规定的，由县级以上人民政府食品药品监督管理部门吊销许可证。

第一百三十六条 食品经营者履行了本法规定的进货查验等义务，有充分证据证明其不知道所采购的食品不符合食品安全标准，并能如实说明其进货来源的，可以免予处罚，但应当依法没收其不符合食品安全标准的食品；造成人身、财产或者其他损害的，依法承担赔偿责任。

第一百三十七条 违反本法规定，承担食品安全风险监测、风险评估工作的技术机构、技术人员提供虚假监测、评估信息的，依法对技术机构直接负责的主管人员和技术人员给予撤职、开除处分；有执业资格的，由授予其资格的主管部门吊销执业证书。

第一百三十八条 违反本法规定，食品检验机构、食品检验人员出具虚假检验报告的，由授予其资质的主管部门或者机构撤销该食品检验机构的检验资质，没收所收取的检验费用，并处检验费用五倍以上十倍以下罚款，检验费用不足一万元的，并处五万元以上十万元以下罚款；依法对食品检验机构直接负责的主管人员和食品检验人员给予撤职或者开除处分；导致发生重大食品安全事故的，对直接负责的主管人员和食品检验人员给予开除处分。

违反本法规定，受到开除处分的食品检验机构人员，自处分决定作出之日起十年内不得从事食品检验工作；因食品安全违法行为受到刑事处罚或者因出具虚假检验报告导致发生重大食品安全事故受到开除处分的食品检验机构人员，终身不得从事食品检验工作。食品检验机构聘用不得从事食品检验工作的人员的，由授予其资质的主管部门或者机构撤销该食品检验机构的检验资质。

食品检验机构出具虚假检验报告，使消费者的合法权益受到损害的，应当与食品生产经营者承担连带责任。

第一百三十九条　违反本法规定，认证机构出具虚假认证结论，由认证认可监督管理部门没收所收取的认证费用，并处认证费用五倍以上十倍以下罚款，认证费用不足一万元的，并处五万元以上十万元以下罚款；情节严重的，责令停业，直至撤销认证机构批准文件，并向社会公布；对直接负责的主管人员和负有直接责任的认证人员，撤销其执业资格。

认证机构出具虚假认证结论，使消费者的合法权益受到损害的，应当与食品生产经营者承担连带责任。

第一百四十条　违反本法规定，在广告中对食品作虚假宣传，欺骗消费者，或者发布未取得批准文件、广告内容与批准文件不一致的保健食品广告的，依照《中华人民共和国广告法》的规定给予处罚。

广告经营者、发布者设计、制作、发布虚假食品广告，使消费者的合法权益受到损害的，应当与食品生产经营者承担连带责任。

社会团体或者其他组织、个人在虚假广告或者其他虚假宣传中向消费者推荐食品，使消费者的合法权益受到损害的，应当与食品生产经营者承担连带责任。

违反本法规定，食品药品监督管理等部门、食品检验机构、食品行业协会以广告或者其他形式向消费者推荐食品，消费者组织以收取费用或者其他牟取利益的方式向消费者推荐食品的，由有关主管部门没收违法所得，依法对直接负责的主管人员和其他直接责任人员给予记大过、降级或者撤职处分；情节严重的，给予开除处分。

对食品作虚假宣传且情节严重的，由省级以上人民政府食品药品监督管理部门决定暂停销售该食品，并向社会公布；仍然销售该食品的，由县级以上人民政府食品药品监督管理部门没收违法所得和违法销售的食品，并处二万元以上五万元以下罚款。

第一百四十一条　违反本法规定，编造、散布虚假食品安全信息，构成违反治安管理行为的，由公安机关依法给予治安管理处罚。

媒体编造、散布虚假食品安全信息的，由有关主管部门依法给予处罚，并对直接负责的主管人员和其他直接责任人员给予处分；使公民、法人或者其他组织的合法权益受到损害的，依法承担消除影响、恢复名誉、赔偿损失、赔礼道歉等民事责任。

第一百四十二条　违反本法规定，县级以上地方人民政府有下列行为之一的，对直接负责的主管人员和其他直接责任人员给予记大过处分；情节较重的，给予降级或者撤职处分；情节严重的，给予开除处分；造成严重后果的，其主要负责人还应当引咎辞职：

（一）对发生在本行政区域内的食品安全事故，未及时组织协调有关部门开展有效处置，造成不良影响或者损失；

（二）对本行政区域内涉及多环节的区域性食品安全问题，未及时组织整治，造成不良影响或者损失；

（三）隐瞒、谎报、缓报食品安全事故；

（四）本行政区域内发生特别重大食品安全事故，或者连续发生重大食品安全事故。

第一百四十三条　违反本法规定，县级以上地方人民政府有下列行为之一的，对直接负责的主管人员和其他直接责任人员给予警告、记过或者记大过处分；造成严重后果的，给予降级或者撤职处分：

（一）未确定有关部门的食品安全监督管理职责，未建立健全食品安全全程监督管理工作机制和信息共享机制，未落实食品安全监督管理责任制；

（二）未制定本行政区域的食品安全事故应急预案，或者发生食品安全事故后未按规定立即成立事故处置指挥机构、启动应急预案。

第一百四十四条　违反本法规定，县级以上人民政府食品药品监督管理、卫生行政、质量监督、农业行政等部门有下列行为之一的，对直接负责的主管人员和其他直接责任人员给予记大过处分；情节较重的，给予降级或者撤职处分；情节严重的，给予开除处分；造成严重后果的，其主要负责人还应当引咎辞职：

（一）隐瞒、谎报、缓报食品安全事故；

（二）未按规定查处食品安全事故，或者接到食品安全事故报告未及时处理，造成事故扩大或者蔓延；

（三）经食品安全风险评估得出食品、食品添加剂、食品相关产品不安全结论后，未及时采取相应措施，造成食品安全事故或者不良社会影响；

（四）对不符合条件的申请人准予许可，或者超越法定职权准予许可；

（五）不履行食品安全监督管理职责，导致发生食品安全事故。

第一百四十五条　违反本法规定，县级以上人民政府食品药品监督管理、卫生行政、质量监督、农业行政等部门有下列行为之一，造成不良后果的，对直接负责的主管人员和其他直接责任人员给予警告、记过或者记大过处分；情节较重的，给予降级或者撤职处分；情节严重的，给予开除处分：

（一）在获知有关食品安全信息后，未按规定向上级主管部门和本级人民政府报告，或者未按规定相互通报；

（二）未按规定公布食品安全信息；

（三）不履行法定职责，对查处食品安全违法行为不配合，或者滥用职权、玩忽职守、徇私舞弊。

第一百四十六条　食品药品监督管理、质量监督等部门在履行食品安全监督管理职责过程中，违法实施检查、强制等执法措施，给生产经营者造成损失的，应当依法予以赔偿，对直接负责的主管人员和其他直接责任人员依法给予处分。

第一百四十七条　违反本法规定，造成人身、财产或者其他损害的，依法承担赔偿责任。生产经营者财产不足以同时承担民事赔偿责任和缴纳罚款、罚金时，先承担民事赔偿责任。

第一百四十八条　消费者因不符合食品安全标准的食品受到损害的，可以向经营者要求赔偿损失，也可以向生产者要求赔偿损失。接到消费者赔偿要求的生产经营者，应当实行首负责任制，先行赔付，不得推诿；属于生产者责任的，经营者赔偿后有权向生产者追偿；属于经营者责任的，生产者赔偿后有权向经营者追偿。

生产不符合食品安全标准的食品或者经营明知是不符合食品安全标准的食品，消费者除要求赔偿损失外，还可以向生产者或者经营者要求支付价款十倍或者损失三倍的赔偿金；增加赔偿的金额不足一千元的，为一千元。但是，食品的标签、说明书存在不影响食品安全且不会对消费者造成误导的瑕疵的除外。

第一百四十九条　违反本法规定，构成犯罪的，依法追究刑事责任。

第十章　附　则

第一百五十条　本法下列用语的含义：

食品，指各种供人食用或者饮用的成品和原料以及按照传统既是食品又是中药材的物品，但是不包括以治疗为目的的物品。

食品安全，指食品无毒、无害，符合应当有的营养要求，对人体健康不造成任何急性、亚急性或者慢性危害。

预包装食品，指预先定量包装或者制作在包装材料、容器中的食品。

食品添加剂，指为改善食品品质和色、香、味以及为防腐、保鲜和加工工艺的需要而加入食品中的人工合成或者天然物质，包括营养强化剂。

用于食品的包装材料和容器，指包装、盛放食品或者食品添加剂用的纸、竹、木、金属、搪瓷、陶瓷、塑料、橡胶、天然纤维、化学纤维、玻璃等制品和直接接触食品或者食品添加剂的涂料。

用于食品生产经营的工具、设备，指在食品或者食品添加剂生产、销售、使用过程中直接接触食品或者食品添加剂的机械、管道、传送带、容器、用具、餐具等。

用于食品的洗涤剂、消毒剂，指直接用于洗涤或者消毒食品、餐具、饮具以及直接接触食品的工具、设备或者食品包装材料和容器的物质。

食品保质期，指食品在标明的贮存条件下保持品质的期限。

食源性疾病，指食品中致病因素进入人体引起的感染性、中毒性等疾病，包括食物中毒。

食品安全事故，指食源性疾病、食品污染等源于食品，对人体健康有危害或者可能有危害的事故。

第一百五十一条 转基因食品和食盐的食品安全管理，本法未作规定的，适用其他法律、行政法规的规定。

第一百五十二条 铁路、民航运营中食品安全的管理办法由国务院食品药品监督管理部门会同国务院有关部门依照本法制定。

保健食品的具体管理办法由国务院食品药品监督管理部门依照本法制定。

食品相关产品生产活动的具体管理办法由国务院质量监督部门依照本法制定。

国境口岸食品的监督管理由出入境检验检疫机构依照本法以及有关法律、行政法规的规定实施。

军队专用食品和自供食品的食品安全管理办法由中央军事委员会依照本法制定。

第一百五十三条 国务院根据实际需要，可以对食品安全监督管理体制作出调整。

第一百五十四条 本法自2015年10月1日起施行。

附录二 食用农产品市场销售质量安全监督管理办法

第一章 总 则

第一条 为规范食用农产品市场销售行为，加强食用农产品市场销售质量安全监督管理，保证食用农产品质量安全，根据《中华人民共和国食品安全法》等法律法规，制定本办法。

第二条 食用农产品市场销售质量安全及其监督管理适用本办法。

本办法所称食用农产品市场销售，是指通过集中交易市场、商场、超市、便利店等销售食用农产品的活动。

本办法所称集中交易市场，是指销售食用农产品的批发市场和零售市场（含农贸市场）。

第三条 国家食品药品监督管理总局负责监督指导全国食用农产品市场销售质量安全的监督管理工作。

省、自治区、直辖市食品药品监督管理部门负责监督指导本行政区域食用农产品市场销售质量安全的监督管理工作。

市、县级食品药品监督管理部门负责本行政区域食用农产品市场销售质量安全的监督管理工作。

第四条 食用农产品市场销售质量安全及其监督管理工作坚持预防为主、风险管理原则，推进产地准出与市场准入衔接，保证市场销售的食用农产品可追溯。

第五条 县级以上食品药品监督管理部门应当与相关部门建立健全食用农产品市场销售质量安全监督管理协作机制。

第六条 集中交易市场开办者应当依法对入场销售者履行管理义务，保障市场规范运行。

食用农产品销售者（以下简称销售者）应当依照法律法规和食品安全标准从事销售活动，保证食用农产品质量安全。

第七条 县级以上食品药品监督管理部门应当加强信息化建设，汇总分析食用农产品质量安全信息，加强监督管理，防范食品安全风险。

集中交易市场开办者和销售者应当按照食品药品监督管理部门的要求提供并公开食用农产品质量安全数据信息。

鼓励集中交易市场开办者和销售者建立食品安全追溯体系，利用信息化手段采集和记录所销售的食用农产品信息。

第八条　集中交易市场开办者相关行业协会和食用农产品相关行业协会应当加强行业自律，督促集中交易市场开办者和销售者履行法律义务。

第二章　集中交易市场开办者义务

第九条　集中交易市场开办者应当建立健全食品安全管理制度，督促销售者履行义务，加强食用农产品质量安全风险防控。

集中交易市场开办者主要负责人应当落实食品安全管理制度，对本市场的食用农产品质量安全工作全面负责。

集中交易市场开办者应当配备专职或者兼职食品安全管理人员、专业技术人员，明确入场销售者的食品安全管理责任，组织食品安全知识培训。

集中交易市场开办者应当制定食品安全事故处置方案，根据食用农产品风险程度确定检查重点、方式、频次等，定期检查食品安全事故防范措施落实情况，及时消除食用农产品质量安全隐患。

第十条　集中交易市场开办者应当按照食用农产品类别实行分区销售。

集中交易市场开办者销售和贮存食用农产品的环境、设施、设备等应当符合食用农产品质量安全的要求。

第十一条　集中交易市场开办者应当建立入场销售者档案，如实记录销售者名称或者姓名、社会信用代码或者身份证号码、联系方式、住所、食用农产品主要品种、进货渠道、产地等信息。

销售者档案信息保存期限不少于销售者停止销售后6个月。集中交易市场开办者应当对销售者档案及时更新，保证其准确性、真实性和完整性。

集中交易市场开办者应当如实向所在地县级食品药品监督管理部门报告市场名称、住所、类型、法定代表人或者负责人姓名、食品安全管理制度、食用农产品主要种类、摊位数量等信息。

第十二条　集中交易市场开办者应当查验并留存入场销售者的社会信用代码或者身份证复印件，食用农产品产地证明或者购货凭证、合格证明文件。

销售者无法提供食用农产品产地证明或者购货凭证、合格证明文件的，集中交易市场开办者应当进行抽样检验或者快速检测；抽样检验或者快速检测合格的，方可进入市场销售。

第十三条　食用农产品生产企业或者农民专业合作经济组织及其成员生产的食用农产品，由本单位出具产地证明；其他食用农产品生产者或者个人生产的食用农产品，由村民委员会、乡镇政府等出具产地证明；无公害农产品、绿色食品、有机农产品以及农产品地理标志等食用农产品标志上所标注的产地信息，可以作为产地证明。

第十四条　供货者提供的销售凭证、销售者与供货者签订的食用农产品采购协议，可以作为食用农产品购货凭证。

第十五条　有关部门出具的食用农产品质量安全合格证明或者销售者自检合格证明等可以作为合格证明文件。

销售按照有关规定需要检疫、检验的肉类，应当提供检疫合格证明、肉类检验合格证明等证明文件。

销售进口食用农产品，应当提供出入境检验检疫部门出具的入境货物检验检疫证明等证明文件。

第十六条　集中交易市场开办者应当建立食用农产品检查制度，对销售者的销售环境和条件以及食用农产品质量安全状况进行检查。

集中交易市场开办者发现存在食用农产品不符合食品安全标准等违法行为的，应当要求销售者立即停止销售，依照集中交易市场管理规定或者与销售者签订的协议进行处理，并向所在地县级食品药品监督管理部门报告。

第十七条　集中交易市场开办者应当在醒目位置及时公布食品安全管理制度、食品安全管理人员、食用农产品抽样检验结果以及不合格食用农产品处理结果、投诉举报电话等信息。

第十八条　批发市场开办者应当与入场销售者签订食用农产品质量安全协议，明确双方食用农产品质量安全权利义务；未签订食用农产品质量安全协议的，不得进入批发市场进行销售。

鼓励零售市场开办者与销售者签订食用农产品质量安全协议，明确双方食用农产品质量安全权利义务。

第十九条　批发市场开办者应当配备检验设备和检验人员，或者委托具有资质的食品检验机构，开展食用农产品抽样检验或者快速检测，并根据食用农产品种类和风险等级确定抽样检验或者快速检测频次。

鼓励零售市场开办者配备检验设备和检验人员，或者委托具有资质的食品检验机构，开展食用农产品抽样检验或者快速检测。

第二十条　批发市场开办者应当印制统一格式的销售凭证，载明食用农产品名称、产地、数量、销售日期以及销售者名称、地址、联系方式等项目。销售凭证可以作为销售者的销售记录和其他购货者的进货查验记录凭证。

销售者应当按照销售凭证的要求如实记录。记录和销售凭证保存期限不得少于6个月。

第二十一条　与屠宰厂（场）、食用农产品种植养殖基地签订协议的批发市场开办者应当对屠宰厂（场）和食用农产品种植养殖基地进行实地考察，了解食用农产品生产过程以及相关信息，查验种植养殖基地食用农产品相关证明材料以及票据等。

第二十二条　鼓励食用农产品批发市场开办者改造升级，更新设施、设备和场所，提高食品安全保障能力和水平。

鼓励批发市场开办者与取得无公害农产品、绿色食品、有机农产品、农产品地理标志等认证的食用农产品种植养殖基地或者生产加工企业签订食用农产品质量安全合作协议。

第三章　销售者义务

第二十三条　销售者应当具有与其销售的食用农产品品种、数量相适应的销售和贮存场所，保持场所环境整洁，并与有毒、有害场所以及其他污染源保持适当的距离。

第二十四条　销售者应当具有与其销售的食用农产品品种、数量相适应的销售设备或者设施。

销售冷藏、冷冻食用农产品的，应当配备与销售品种相适应的冷藏、冷冻设施，并符合保证食用农产品质量安全所需要的温度、湿度和环境等特殊要求。

鼓励采用冷链、净菜上市、畜禽产品冷鲜上市等方式销售食用农产品。

第二十五条　禁止销售下列食用农产品：

（一）使用国家禁止的兽药和剧毒、高毒农药，或者添加食品添加剂以外的化学物质和其他可能危害人体健康的物质的；

（二）致病性微生物、农药残留、兽药残留、生物毒素、重金属等污染物质以及其他危害人体健康的物质含量超过食品安全标准限量的；

（三）超范围、超限量使用食品添加剂的；

（四）腐败变质、油脂酸败、霉变生虫、污秽不洁、混有异物、掺假掺杂或者感官性状异常的；

（五）病死、毒死或者死因不明的禽、畜、兽、水产动物肉类；

（六）未按规定进行检疫或者检疫不合格的肉类；

（七）未按规定进行检验或者检验不合格的肉类；

（八）使用的保鲜剂、防腐剂等食品添加剂和包装材料等食品相关产品不符合食品安全国家标准的；

（九）被包装材料、容器、运输工具等污染的；

（十）标注虚假生产日期、保质期或者超过保质期的；

（十一）国家为防病等特殊需要明令禁止销售的；

（十二）标注虚假的食用农产品产地、生产者名称、生产者地址，或者标注伪造、冒用的认证标志等质量标志的；

（十三）其他不符合法律、法规或者食品安全标准的。

第二十六条 销售者采购食用农产品，应当按照规定查验相关证明材料，不符合要求的，不得采购和销售。

销售者应当建立食用农产品进货查验记录制度，如实记录食用农产品名称、数量、进货日期以及供货者名称、地址、联系方式等内容，并保存相关凭证。记录和凭证保存期限不得少于6个月。

实行统一配送销售方式的食用农产品销售企业，可以由企业总部统一建立进货查验记录制度；所属各销售门店应当保存总部的配送清单以及相应的合格证明文件。配送清单和合格证明文件保存期限不得少于6个月。

从事食用农产品批发业务的销售企业，应当建立食用农产品销售记录制度，如实记录批发食用农产品名称、数量、销售日期以及购货者名称、地址、联系方式等内容，并保存相关凭证。记录和凭证保存期限不得少于6个月。

鼓励和引导有条件的销售企业采用扫描、拍照、数据交换、电子表格等方式，建立食用农产品进货查验记录制度。

第二十七条 销售者贮存食用农产品，应当定期检查库存，及时清理腐败变质、油脂酸败、霉变生虫、污秽不洁或者感官性状异常的食用农产品。

销售者贮存食用农产品，应当如实记录食用农产品名称、产地、贮存日期、生产者或者供货者名称或者姓名、联系方式等内容，并在贮存场所保存记录。记录和凭证保存期限不得少于6个月。

第二十八条 销售者租赁仓库的，应当选择能够保障食用农产品质量安全的食用农产品贮存服务提供者。

贮存服务提供者应当按照食用农产品质量安全的要求贮存食用农产品，履行下列义务：

（一）如实向所在地县级食品药品监督管理部门报告其名称、地址、法定代表人或者负责人姓名、社会信用代码或者身份证号码、联系方式以及所提供服务的销售者名称、贮存的食用农产品品种、数量等信息；

（二）查验所提供服务的销售者的营业执照或者身份证明和食用农产品产地或者来源证明、合格证明文件，并建立进出货台账，记录食用农产品名称、产地、贮存日期、出货日期、销售者名称或者姓名、联系方式等。进出货台账和相关证明材料保存期限不得少于6个月；

（三）保证贮存食用农产品的容器、工具和设备安全无害，保持清洁，防止污染，保证食用农产品质量安全所需的温度、湿度和环境等特殊要求，不得将食用农产品与有毒、有害物品一同贮存；

（四）贮存肉类冻品应当查验并留存检疫合格证明、肉类检验合格证明等证明文件；

（五）贮存进口食用农产品，应当查验并记录出入境检验检疫部门出具的入境货物检验检疫证明等证明文件；

（六）定期检查库存食用农产品，发现销售者有违法行为的，应当及时制止并立即报告所在地县级食品药品监督管理部门；

（七）法律、法规规定的其他义务。

第二十九条 销售者自行运输或者委托承运人运输食用农产品的，运输容器、工具和设备应当安全无害，保持清洁，防止污染，并符合保证食用农产品质量安全所需的温度、湿度和环境等特殊要求，不得将食用农产品与有毒、有害物品一同运输。

承运人应当按照有关部门的规定履行相关食品安全义务。

第三十条 销售企业应当建立健全食用农产品质量安全管理制度，配备必要的食品安全管理人员，对职工进行食品安全知识培训，制定食品安全事故处置方案，依法从事食用农产品销售活动。

鼓励销售企业配备相应的检验设备和检验人员，加强食用农产品检验工作。

第三十一条 销售者应当建立食用农产品质量安全自查制度，定期对食用农产品质量安全情况进行检查，发现不符合食用农产品质量安全要求的，应当立即停止销售并采取整改措施；有发生食品安全事故潜在风险的，应当立即停止销售并向所在地县级食品药品监督管理部门报告。

第三十二条　销售按照规定应当包装或者附加标签的食用农产品，在包装或者附加标签后方可销售。包装或者标签上应当按照规定标注食用农产品名称、产地、生产者、生产日期等内容；对保质期有要求的，应当标注保质期；保质期与贮藏条件有关的，应当予以标明；有分级标准或者使用食品添加剂的，应当标明产品质量等级或者食品添加剂名称。

食用农产品标签所用文字应当使用规范的中文，标注的内容应当清楚、明显，不得含有虚假、错误或者其他误导性内容。

第三十三条　销售获得无公害农产品、绿色食品、有机农产品等认证的食用农产品以及省级以上农业行政部门规定的其他需要包装销售的食用农产品应当包装，并标注相应标志和发证机构，鲜活畜、禽、水产品等除外。

第三十四条　销售未包装的食用农产品，应当在摊位（柜台）明显位置如实公布食用农产品名称、产地、生产者或者销售者名称或者姓名等信息。

鼓励采取附加标签、标示带、说明书等方式标明食用农产品名称、产地、生产者或者销售者名称或者姓名、保存条件以及最佳食用期等内容。

第三十五条　进口食用农产品的包装或者标签应当符合我国法律、行政法规的规定和食品安全国家标准的要求，并载明原产地，境内代理商的名称、地址、联系方式。

进口鲜冻肉类产品的包装应当标明产品名称、原产国（地区）、生产企业名称、地址以及企业注册号、生产批号；外包装上应当以中文标明规格、产地、目的地、生产日期、保质期、储存温度等内容。

分装销售的进口食用农产品，应当在包装上保留原进口食用农产品全部信息以及分装企业、分装时间、地点、保质期等信息。

第三十六条　销售者发现其销售的食用农产品不符合食品安全标准或者有证据证明可能危害人体健康的，应当立即停止销售，通知相关生产经营者、消费者，并记录停止销售和通知情况。

由于销售者的原因造成其销售的食用农产品不符合食品安全标准或者有证据证明可能危害人体健康的，销售者应当召回。

对于停止销售的食用农产品，销售者应当按照要求采取无害化处理、销毁等措施，防止其再次流入市场。但是，因标签、标志或者说明书不符合食品安全标准而被召回的食用农产品，在采取补救措施且能保证食用农产品质量安全的情况下可以继续销售；销售时应当向消费者明示补救措施。

集中交易市场开办者、销售者应当将食用农产品停止销售、召回和处理情况向所在地县级食品药品监督管理部门报告，配合政府有关部门根据有关法律法规进行处理，并记录相关情况。

集中交易市场开办者、销售者未依照本办法停止销售或者召回的，县级以上地方食品药品监督管理部门可以责令其停止销售或者召回。

第四章　监督管理

第三十七条　县级以上地方食品药品监督管理部门应当按照当地人民政府制定的本行政区域食品安全年度监督管理计划，开展食用农产品市场销售质量安全监督管理工作。

市、县级食品药品监督管理部门应当根据年度监督检查计划、食用农产品风险程度等，确定监督检查的重点、方式和频次，对本行政区域的集中交易市场开办者、销售者、贮存服务提供者进行日常监督检查。

第三十八条　市、县级食品药品监督管理部门按照地方政府属地管理要求，可以依法采取下列措施，对集中交易市场开办者、销售者、贮存服务提供者遵守本办法情况进行日常监督检查：

（一）对食用农产品销售、贮存和运输等场所进行现场检查；

（二）对食用农产品进行抽样检验；

（三）向当事人和其他有关人员调查了解与食用农产品销售活动和质量安全有关的情况；

（四）检查食用农产品进货查验记录制度落实情况，查阅、复制与食用农产品质量安全有关的记录、协议、发票以及其他资料；

（五）对有证据证明不符合食品安全标准或者有证据证明存在质量安全隐患以及用于违法生产经营的食用农产品，有权查封、扣押、监督销毁；

（六）查封违法从事食用农产品销售活动的场所。

集中交易市场开办者、销售者、贮存服务提供者对食品药品监督管理部门实施的监督检查应当予以配合，不得拒绝、阻挠、干涉。

第三十九条　市、县级食品药品监督管理部门应当建立本行政区域集中交易市场开办者、销售者、贮存服务提供者食品安全信用档案，如实记录日常监督检查结果、违法行为查处等情况，依法向社会公布并实时更新。对有不良信用记录的集中交易市场开办者、销售者、贮存服务提供者增加监督检查频次；将违法行为情节严重的集中交易市场开办者、销售者、贮存服务提供者及其主要负责人和其他直接责任人的相关信息，列入严重违法者名单，并予以公布。

市、县级食品药品监督管理部门应当逐步建立销售者市场准入前信用承诺制度，要求销售者以规范格式向社会作出公开承诺，如存在违法失信销售行为将自愿接受信用惩戒。信用承诺纳入销售者信用档案，接受社会监督，并作为事中事后监督管理的参考。

第四十条　食用农产品在销售过程中存在质量安全隐患，未及时采取有效措施消除的，市、县级食品药品监督管理部门可以对集中交易市场开办者、销售者、贮存服务提供者的法定代表人或者主要负责人进行责任约谈。

被约谈者无正当理由拒不按时参加约谈或者未按要求落实整改的，食品药品监督管理部门应当记入集中交易市场开办者、销售者、贮存服务提供者食品安全信用档案。

第四十一条　县级以上地方食品药品监督管理部门应当将食用农产品监督抽检纳入年度检验检测工作计划，对食用农产品进行定期或者不定期抽样检验，并依据有关规定公布检验结果。

市、县级食品药品监督管理部门可以采用国家规定的快速检测方法对食用农产品质量安全进行抽查检测，抽查检测结果表明食用农产品可能存在质量安全隐患的，销售者应当暂停销售；抽查检测结果确定食用农产品不符合食品安全标准的，可以作为行政处罚的依据。

被抽查人对快速检测结果有异议的，可以自收到检测结果时起4小时内申请复检。复检结论仍不合格的，复检费用由申请人承担。复检不得采用快速检测方法。

第四十二条　市、县级食品药品监督管理部门应当依据职责公布食用农产品监督管理信息。

公布食用农产品监督管理信息，应当做到准确、及时、客观，并进行必要的解释说明，避免误导消费者和社会舆论。

第四十三条　市、县级食品药品监督管理部门发现批发市场有本办法禁止销售的食用农产品，在依法处理的同时，应当及时追查食用农产品来源和流向，查明原因、控制风险并报告上级食品药品监督管理部门，同时通报所涉地同级食品药品监督管理部门；涉及种植养殖和进出口环节的，还应当通报相关农业行政部门和出入境检验检疫部门。

第四十四条　市、县级食品药品监督管理部门发现超出其管辖范围的食用农产品质量安全案件线索，应当及时移送有管辖权的食品药品监督管理部门。

第四十五条　县级以上地方食品药品监督管理部门在监督管理中发现食用农产品质量安全事故，或者接到有关食用农产品质量安全事故的举报，应当立即会同相关部门进行调查处理，采取措施防止或者减少社会危害，按照应急预案的规定报告当地人民政府和上级食品药品监督管理部门，并在当地人民政府统一领导下及时开展调查处理。

第五章　法律责任

第四十六条　食用农产品市场销售质量安全的违法行为，食品安全法等法律法规已有规定的，依照其规定。

第四十七条　集中交易市场开办者违反本办法第九条至第十二条、第十六条第二款、第十七条规定，有下列情形之一的，由县级以上食品药品监督管理部门责令改正，给予警告；拒不改正的，处5000元以上3万元以下罚款：

（一）未建立或者落实食品安全管理制度的；

（二）未按要求配备食品安全管理人员、专业技术人员，或者未组织食品安全知识培训的；

（三）未制定食品安全事故处置方案的；

（四）未按食用农产品类别实行分区销售的；

（五）环境、设施、设备等不符合有关食用农产品质量安全要求的；

（六）未按要求建立入场销售者档案，或者未按要求保存和更新销售者档案的；

（七）未如实向所在地县级食品药品监督管理部门报告市场基本信息的；

（八）未查验并留存入场销售者的社会信用代码或者身份证复印件、食用农产品产地证明或者购货凭证、合格证明文件的；

（九）未进行抽样检验或者快速检测，允许无法提供食用农产品产地证明或者购货凭证、合格证明文件的销售者入场销售的；

（十）发现食用农产品不符合食品安全标准等违法行为，未依照集中交易市场管理规定或者与销售者签订的协议处理的；

（十一）未在醒目位置及时公布食用农产品质量安全管理制度、食品安全管理人员、食用农产品抽样检验结果以及不合格食用农产品处理结果、投诉举报电话等信息的。

第四十八条　批发市场开办者违反本办法第十八条第一款、第二十条规定，未与入场销售者签订食用农产品质量安全协议，或者未印制统一格式的食用农产品销售凭证的，由县级以上食品药品监督管理部门责令改正，给予警告；拒不改正的，处1万元以上3万元以下罚款。

第四十九条　销售者违反本办法第二十四条第二款规定，未按要求配备与销售品种相适应的冷藏、冷冻设施，或者温度、湿度和环境等不符合特殊要求的，由县级以上食品药品监督管理部门责令改正，给予警告；拒不改正的，处5000元以上3万元以下罚款。

第五十条　销售者违反本办法第二十五条第一项、第五项、第六项、第十一项规定的，由县级以上食品药品监督管理部门依照食品安全法第一百二十三条第一款的规定给予处罚。

违反本办法第二十五条第二项、第三项、第四项、第十项规定的，由县级以上食品药品监督管理部门依照食品安全法第一百二十四条第一款的规定给予处罚。

违反本办法第二十五条第七项、第十二项规定，销售未按规定进行检验的肉类，或者销售标注虚假的食用农产品产地、生产者名称、生产者地址，标注伪造、冒用的认证标志等质量标志的食用农产品的，由县级以上食品药品监督管理部门责令改正，处1万元以上3万元以下罚款。

违反本办法第二十五条第八项、第九项规定的，由县级以上食品药品监督管理部门依照食品安全法第一百二十五条第一款的规定给予处罚。

第五十一条　销售者违反本办法第二十八条第一款规定，未按要求选择贮存服务提供者，或者贮存服务提供者违反本办法第二十八条第二款规定，未履行食用农产品贮存相关义务的，由县级以上食品药品监督管理部门责令改正，给予警告；拒不改正的，处5000元以上3万元以下罚款。

第五十二条　销售者违反本办法第三十二条、第三十三条、第三十五条规定，未按要求进行包装或者附加标签的，由县级以上食品药品监督管理部门责令改正，给予警告；拒不改正的，处5000元以上3万元以下罚款。

第五十三条　销售者违反本办法第三十四条第一款规定，未按要求公布食用农产品相关信息的，由县级以上食品药品监督管理部门责令改正，给予警告；拒不改正的，处5000元以上1万元以下罚款。

第五十四条 销售者履行了本办法规定的食用农产品进货查验等义务，有充分证据证明其不知道所采购的食用农产品不符合食品安全标准，并能如实说明其进货来源的，可以免予处罚，但应当依法没收其不符合食品安全标准的食用农产品；造成人身、财产或者其他损害的，依法承担赔偿责任。

第五十五条 县级以上地方食品药品监督管理部门不履行食用农产品质量安全监督管理职责，或者滥用职权、玩忽职守、徇私舞弊的，依法追究直接负责的主管人员和其他直接责任人员的行政责任。

第五十六条 违法销售食用农产品涉嫌犯罪的，由县级以上地方食品药品监督管理部门依法移交公安机关追究刑事责任。

第六章 附 则

第五十七条 本办法下列用语的含义：

食用农产品，指在农业活动中获得的供人食用的植物、动物、微生物及其产品。农业活动，指传统的种植、养殖、采摘、捕捞等农业活动，以及设施农业、生物工程等现代农业活动。植物、动物、微生物及其产品，指在农业活动中直接获得的，以及经过分拣、去皮、剥壳、干燥、粉碎、清洗、切割、冷冻、打蜡、分级、包装等加工，但未改变其基本自然性状和化学性质的产品。

食用农产品集中交易市场开办者，指依法设立、为食用农产品交易提供平台、场地、设施、服务以及日常管理的企业法人或者其他组织。

第五十八条 柜台出租者和展销会举办者销售食用农产品的，参照本办法对集中交易市场开办者的规定执行。

第五十九条 食品摊贩等销售食用农产品的具体管理规定由省、自治区、直辖市制定。

第六十条 本办法自2016年3月1日起施行。

附录三 农药管理条例

第一章 总 则

第一条 为了加强农药管理，保证农药质量，保障农产品质量安全和人畜安全，保护农业、林业生产和生态环境，制定本条例。

第二条 本条例所称农药，是指用于预防、控制危害农业、林业的病、虫、草、鼠和其他有害生物以及有目的地调节植物、昆虫生长的化学合成或者来源于生物、其他天然物质的一种物质或者几种物质的混合物及其制剂。

前款规定的农药包括用于不同目的、场所的下列各类：

（一）预防、控制危害农业、林业的病、虫（包括昆虫、蜱、螨）、草、鼠、软体动物和其他有害生物；

（二）预防、控制仓储以及加工场所的病、虫、鼠和其他有害生物；

（三）调节植物、昆虫生长；

（四）农业、林业产品防腐或者保鲜；

（五）预防、控制蚊、蝇、蜚蠊、鼠和其他有害生物；

（六）预防、控制危害河流堤坝、铁路、码头、机场、建筑物和其他场所的有害生物。

第三条 国务院农业主管部门负责全国的农药监督管理工作。

县级以上地方人民政府农业主管部门负责本行政区域的农药监督管理工作。

县级以上人民政府其他有关部门在各自职责范围内负责有关的农药监督管理工作。

第四条 县级以上地方人民政府应当加强对农药监督管理工作的组织领导，将农药监督管理经费列入本级政府预算，保障农药监督管理工作的开展。

第五条 农药生产企业、农药经营者应当对其生产、经营的农药的安全性、有效性负责，自觉接受政府监管和社会监督。

农药生产企业、农药经营者应当加强行业自律，规范生产、经营行为。

第六条 国家鼓励和支持研制、生产、使用安全、高效、经济的农药，推进农药专业化使用，促进农药产业升级。

对在农药研制、推广和监督管理等工作中作出突出贡献的单位和个人，按照国家有关规定予以表彰或者奖励。

第二章　农药登记

第七条　国家实行农药登记制度。农药生产企业、向中国出口农药的企业应当依照本条例的规定申请农药登记，新农药研制者可以依照本条例的规定申请农药登记。

国务院农业主管部门所属的负责农药检定工作的机构负责农药登记具体工作。省、自治区、直辖市人民政府农业主管部门所属的负责农药检定工作的机构协助做好本行政区域的农药登记具体工作。

第八条　国务院农业主管部门组织成立农药登记评审委员会，负责农药登记评审。

农药登记评审委员会由下列人员组成：

（一）国务院农业、林业、卫生、环境保护、粮食、工业行业管理、安全生产监督管理等有关部门和供销合作总社等单位推荐的农药产品化学、药效、毒理、残留、环境、质量标准和检测等方面的专家；

（二）国家食品安全风险评估专家委员会的有关专家；

（三）国务院农业、林业、卫生、环境保护、粮食、工业行业管理、安全生产监督管理等有关部门和供销合作总社等单位的代表。

农药登记评审规则由国务院农业主管部门制定。

第九条　申请农药登记的，应当进行登记试验。

农药的登记试验应当报所在地省、自治区、直辖市人民政府农业主管部门备案。

新农药的登记试验应当向国务院农业主管部门提出申请。国务院农业主管部门应当自受理申请之日起40个工作日内对试验的安全风险及其防范措施进行审查，符合条件的，准予登记试验；不符合条件的，书面通知申请人并说明理由。

第十条　登记试验应当由国务院农业主管部门认定的登记试验单位按照国务院农业主管部门的规定进行。

与已取得中国农药登记的农药组成成分、使用范围和使用方法相同的农药，免予残留、环境试验，但已取得中国农药登记的农药依照本条例第十五条的规定在登记资料保护期内的，应当经农药登记证持有人授权同意。

登记试验单位应当对登记试验报告的真实性负责。

第十一条　登记试验结束后，申请人应当向所在地省、自治区、直辖市人民政府农业主管部门提出农药登记申请，并提交登记试验报告、标签样张和农药产品质量标准及其检验方法等申请资料；申请新农药登记的，还应当提供农药标准品。

省、自治区、直辖市人民政府农业主管部门应当自受理申请之日起20个工作日内提出初审意见，并报送国务院农业主管部门。

向中国出口农药的企业申请农药登记的，应当持本条第一款规定的资料、农药标准品以及在有关国家（地区）登记、使用的证明材料，向国务院农业主管部门提出申请。

第十二条　国务院农业主管部门受理申请或者收到省、自治区、直辖市人民政府农业主管部门报送的申请资料后，应当组织审查和登记评审，并自收到评审意见之日起20个工作日内作出审批决定，符合条件的，核发农药登记证；不符合条件的，书面通知申请人并说明理由。

第十三条　农药登记证应当载明农药名称、剂型、有效成分及其含量、毒性、使用范围、使用方法和剂量、登记证持有人、登记证号以及有效期等事项。

农药登记证有效期为5年。有效期届满，需要继续生产农药或者向中国出口农药的，农药登记证持有人应当在有效期届满90日前向国务院农业主管部门申请延续。

农药登记证载明事项发生变化的，农药登记证持有人应当按照国务院农业主管部门的规定申请变更农药登记证。

国务院农业主管部门应当及时公告农药登记证核发、延续、变更情况以及有关的农药产品质量标准号、残留限量规定、检验方法、经核准的标签等信息。

第十四条　新农药研制者可以转让其已取得登记的新农药的登记资料；农药生产企业可以向具有相应生产能力的农药生产企业转让其已取得登记的农药的登记资料。

第十五条　国家对取得首次登记的、含有新化合物的农药的申请人提交的其自己所取得且未披露的试验数据和其他数据实施保护。

自登记之日起6年内，对其他申请人未经已取得登记的申请人同意，使用前款规定的数据申请农药登记的，登记机关不予登记；但是，其他申请人提交其自己所取得的数据的除外。

除下列情况外，登记机关不得披露本条第一款规定的数据：

（一）公共利益需要；

（二）已采取措施确保该类信息不会被不正当地进行商业使用。

第三章　农药生产

第十六条　农药生产应当符合国家产业政策。国家鼓励和支持农药生产企业采用先进技术和先进管理规范，提高农药的安全性、有效性。

第十七条　国家实行农药生产许可制度。农药生产企业应当具备下列条件，并按照国务院农业主管部门的规定向省、自治区、直辖市人民政府农业主管部门申请农药生产许可证：

（一）有与所申请生产农药相适应的技术人员；

（二）有与所申请生产农药相适应的厂房、设施；

（三）有对所申请生产农药进行质量管理和质量检验的人员、仪器和设备；

（四）有保证所申请生产农药质量的规章制度。

省、自治区、直辖市人民政府农业主管部门应当自受理申请之日起20个工作日内作出审批决定，必要时应当进行实地核查。符合条件的，核发农药生产许可证；不符合条件的，书面通知申请人并说明理由。

安全生产、环境保护等法律、行政法规对企业生产条件有其他规定的，农药生产企业还应当遵守其规定。

第十八条　农药生产许可证应当载明农药生产企业名称、住所、法定代表人（负责人）、生产范围、生产地址以及有效期等事项。

农药生产许可证有效期为5年。有效期届满，需要继续生产农药的，农药生产企业应当在有效期届满90日前向省、自治区、直辖市人民政府农业主管部门申请延续。

农药生产许可证载明事项发生变化的，农药生产企业应当按照国务院农业主管部门的规定申请变更农药生产许可证。

第十九条　委托加工、分装农药的，委托人应当取得相应的农药登记证，受托人应当取得农药生产许可证。

委托人应当对委托加工、分装的农药质量负责。

第二十条　农药生产企业采购原材料，应当查验产品质量检验合格证和有关许可证明文件，不得采购、使用未依法附具产品质量检验合格证、未依法取得有关许可证明文件的原材料。

农药生产企业应当建立原材料进货记录制度，如实记录原材料的名称、有关许可证明文件编号、规格、数量、供货人名称及其联系方式、进货日期等内容。原材料进货记录应当保存2年以上。

第二十一条　农药生产企业应当严格按照产品质量标准进行生产，确保农药产品与登记农药一致。农药出厂销售，应当经质量检验合格并附具产品质量检验合格证。

农药生产企业应当建立农药出厂销售记录制度，如实记录农药的名称、规格、数量、生产日期和批号、产品质量检验信息、购货人名称及其联系方式、销售日期等内容。农药出厂销售记录应当保存2年以上。

第二十二条　农药包装应当符合国家有关规定，并印制或者贴有标签。国家鼓励农药生产企业使用可回收的农药包装材料。

农药标签应当按照国务院农业主管部门的规定，以中文标注农药的名称、剂型、有效成分及其含量、毒性及其标识、使用范围、使用方法和剂量、使用技术要求和注意事项、生产日期、可追溯电子信息码等内容。

剧毒、高毒农药以及使用技术要求严格的其他农药等限制使用农药的标签还应当标注"限制使用"字样，并注明使用的特别限制和特殊要求。用于食用农产品的农药的标签还应当标注安全间隔期。

第二十三条　农药生产企业不得擅自改变经核准的农药的标签内容，不得在农药的标签中标注虚假、误导使用者的内容。

农药包装过小，标签不能标注全部内容的，应当同时附具说明书，说明书的内容应当与经核准的标签内容一致。

第四章　农药经营

第二十四条　国家实行农药经营许可制度，但经营卫生用农药的除外。农药经营者应当具备下列条件，并按照国务院农业主管部门的规定向县级以上地方人民政府农业主管部门申请农药经营许可证：

（一）有具备农药和病虫害防治专业知识，熟悉农药管理规定，能够指导安全合理使用农药的经营人员；

（二）有与其他商品以及饮用水水源、生活区域等有效隔离的营业场所和仓储场所，并配备与所申请经营农药相适应的防护设施；

（三）有与所申请经营农药相适应的质量管理、台账记录、安全防护、应急处置、仓储管理等制度。

经营限制使用农药的，还应当配备相应的用药指导和病虫害防治专业技术人员，并按照所在地省、自治区、直辖市人民政府农业主管部门的规定实行定点经营。

县级以上地方人民政府农业主管部门应当自受理申请之日起20个工作日内作出审批决定。符合条件的，核发农药经营许可证；不符合条件的，书面通知申请人并说明理由。

第二十五条　农药经营许可证应当载明农药经营者名称、住所、负责人、经营范围以及有效期等事项。

农药经营许可证有效期为5年。有效期届满，需要继续经营农药的，农药经营者应当在有效期届满90日前向发证机关申请延续。

农药经营许可证载明事项发生变化的，农药经营者应当按照国务院农业主管部门的规定申请变更农药经营许可证。

取得农药经营许可证的农药经营者设立分支机构的，应当依法申请变更农药经营许可证，并向分支机构所在地县级以上地方人民政府农业主管部门备案，其分支机构免予办理农药经营许可证。农药经营者应当对其分支机构的经营活动负责。

第二十六条　农药经营者采购农药应当查验产品包装、标签、产品质量检验合格证以及有关许可证明文件，不得向未取得农药生产许可证的农药生产企业或者未取得农药经营许可证的其他农药经营者采购农药。

农药经营者应当建立采购台账，如实记录农药的名称、有关许可证明文件编号、规格、数量、生产企业和供货人名称及其联系方式、进货日期等内容。采购台账应当保存2年以上。

第二十七条　农药经营者应当建立销售台账，如实记录销售农药的名称、规格、数量、生产企业、购买人、销售日期等内容。销售台账应当保存2年以上。

农药经营者应当向购买人询问病虫害发生情况并科学推荐农药，必要时应当实地查看病虫害发生情况，并正确说明农药的使用范围、使用方法和剂量、使用技术要求和注意事项，不得误导购买人。

经营卫生用农药的，不适用本条第一款、第二款的规定。

第二十八条　农药经营者不得加工、分装农药，不得在农药中添加任何物质，不得采购、销售包装和标签不符合规定，未附具产品质量检验合格证，未取得有关许可证明文件的农药。

经营卫生用农药的，应当将卫生用农药与其他商品分柜销售；经营其他农药的，不得在农药经营场所内经营食品、食用农产品、饲料等。

第二十九条　境外企业不得直接在中国销售农药。境外企业在中国销售农药的，应当依法在中国设立销售机构或者委托符合条件的中国代理机构销售。

向中国出口的农药应当附具中文标签、说明书，符合产品质量标准，并经出入境检验检疫部门依法检验合格。禁止进口未取得农药登记证的农药。

办理农药进出口海关申报手续，应当按照海关总署的规定出示相关证明文件。

第五章　农药使用

第三十条　县级以上人民政府农业主管部门应当加强农药使用指导、服务工作，建立健全农药安全、合理使用制度，并按照预防为主、综合防治的要求，组织推广农药科学使用技术，规范农药使用行为。林业、粮食、卫生等部门应当加强对林业、储粮、卫生用农药安全、合理使用的技术指导，环境保护主管部门应当加强对农药使用过程中环境保护和污染防治的技术指导。

第三十一条　县级人民政府农业主管部门应当组织植物保护、农业技术推广等机构向农药使用者提供免费技术培训，提高农药安全、合理使用水平。

国家鼓励农业科研单位、有关学校、农民专业合作社、供销合作社、农业社会化服务组织和专业人员为农药使用者提供技术服务。

第三十二条　国家通过推广生物防治、物理防治、先进施药器械等措施，逐步减少农药使用量。

县级人民政府应当制定并组织实施本行政区域的农药减量计划；对实施农药减量计划、自愿减少农药使用量的农药使用者，给予鼓励和扶持。

县级人民政府农业主管部门应当鼓励和扶持设立专业化病虫害防治服务组织，并对专业化病虫害防治和限制使用农药的配药、用药进行指导、规范和管理，提高病虫害防治水平。

县级人民政府农业主管部门应当指导农药使用者有计划地轮换使用农药，减缓危害农业、林业的病、虫、草、鼠和其他有害生物的抗药性。

乡、镇人民政府应当协助开展农药使用指导、服务工作。

第三十三条 农药使用者应当遵守国家有关农药安全、合理使用制度，妥善保管农药，并在配药、用药过程中采取必要的防护措施，避免发生农药使用事故。

限制使用农药的经营者应当为农药使用者提供用药指导，并逐步提供统一用药服务。

第三十四条 农药使用者应当严格按照农药的标签标注的使用范围、使用方法和剂量、使用技术要求和注意事项使用农药，不得扩大使用范围、加大用药剂量或者改变使用方法。

农药使用者不得使用禁用的农药。

标签标注安全间隔期的农药，在农产品收获前应当按照安全间隔期的要求停止使用。

剧毒、高毒农药不得用于防治卫生害虫，不得用于蔬菜、瓜果、茶叶、菌类、中草药材的生产，不得用于水生植物的病虫害防治。

第三十五条 农药使用者应当保护环境，保护有益生物和珍稀物种，不得在饮用水水源保护区、河道内丢弃农药、农药包装物或者清洗施药器械。

严禁在饮用水水源保护区内使用农药，严禁使用农药毒鱼、虾、鸟、兽等。

第三十六条 农产品生产企业、食品和食用农产品仓储企业、专业化病虫害防治服务组织和从事农产品生产的农民专业合作社等应当建立农药使用记录，如实记录使用农药的时间、地点、对象以及农药名称、用量、生产企业等。农药使用记录应当保存2年以上。

国家鼓励其他农药使用者建立农药使用记录。

第三十七条 国家鼓励农药使用者妥善收集农药包装物等废弃物；农药生产企业、农药经营者应当回收农药废弃物，防止农药污染环境和农药中毒事故的发生。具体办法由国务院环境保护主管部门会同国务院农业主管部门、国务院财政部门等部门制定。

第三十八条 发生农药使用事故，农药使用者、农药生产企业、农药经营者和其他有关人员应当及时报告当地农业主管部门。

接到报告的农业主管部门应当立即采取措施，防止事故扩大，同时通知有关部门采取相应措施。造成农药中毒事故的，由农业主管部门和公安机关依照职责权限组织调查处理，卫生主管部门应当按照国家有关规定立即对受到伤害的人员组织医疗救治；造成环境污染事故的，由环境保护等有关部门依法组织调查处理；造成储粮药剂使用事故和农作物药害事故的，分别由粮食、农业等部门组织技术鉴定和调查处理。

第三十九条　因防治突发重大病虫害等紧急需要，国务院农业主管部门可以决定临时生产、使用规定数量的未取得登记或者禁用、限制使用的农药，必要时应当会同国务院对外贸易主管部门决定临时限制出口或者临时进口规定数量、品种的农药。

前款规定的农药，应当在使用地县级人民政府农业主管部门的监督和指导下使用。

第六章　监督管理

第四十条　县级以上人民政府农业主管部门应当定期调查统计农药生产、销售、使用情况，并及时通报本级人民政府有关部门。

县级以上地方人民政府农业主管部门应当建立农药生产、经营诚信档案并予以公布；发现违法生产、经营农药的行为涉嫌犯罪的，应当依法移送公安机关查处。

第四十一条　县级以上人民政府农业主管部门履行农药监督管理职责，可以依法采取下列措施：

（一）进入农药生产、经营、使用场所实施现场检查；

（二）对生产、经营、使用的农药实施抽查检测；

（三）向有关人员调查了解有关情况；

（四）查阅、复制合同、票据、账簿以及其他有关资料；

（五）查封、扣押违法生产、经营、使用的农药，以及用于违法生产、经营、使用农药的工具、设备、原材料等；

（六）查封违法生产、经营、使用农药的场所。

第四十二条　国家建立农药召回制度。农药生产企业发现其生产的农药对农业、林业、人畜安全、农产品质量安全、生态环境等有严重危害或者较大风险的，应当立即停止生产，通知有关经营者和使用者，向所在地农业主管部门报告，主动召回产品，并记录通知和召回情况。

农药经营者发现其经营的农药有前款规定的情形的，应当立即停止销售，通知有关生产企业、供货人和购买人，向所在地农业主管部门报告，并记录停止销售和通知情况。

农药使用者发现其使用的农药有本条第一款规定的情形的，应当立即停止使用，通知经营者，并向所在地农业主管部门报告。

第四十三条　国务院农业主管部门和省、自治区、直辖市人民政府农业主管部门应当组织负责农药检定工作的机构、植物保护机构对已登记农药的安全性和有效性进行监测。

发现已登记农药对农业、林业、人畜安全、农产品质量安全、生态环境等有严重危害或者较大风险的，国务院农业主管部门应当组织农药登记评审委员会进行评审，根据评审结果撤销、变更相应的农药登记证，必要时应当决定禁用或者限制使用并予以公告。

第四十四条　有下列情形之一的，认定为假农药：

（一）以非农药冒充农药；

（二）以此种农药冒充他种农药；

（三）农药所含有效成分种类与农药的标签、说明书标注的有效成分不符。

禁用的农药，未依法取得农药登记证而生产、进口的农药，以及未附具标签的农药，按照假农药处理。

第四十五条　有下列情形之一的，认定为劣质农药：

（一）不符合农药产品质量标准；

（二）混有导致药害等有害成分。

超过农药质量保证期的农药，按照劣质农药处理。

第四十六条　假农药、劣质农药和回收的农药废弃物等应当交由具有危险废物经营资质的单位集中处置，处置费用由相应的农药生产企业、农药经营者承担；农药生产企业、农药经营者不明确的，处置费用由所在地县级人民政府财政列支。

第四十七条　禁止伪造、变造、转让、出租、出借农药登记证、农药生产许可证、农药经营许可证等许可证明文件。

第四十八条　县级以上人民政府农业主管部门及其工作人员和负责农药检定工作的机构及其工作人员，不得参与农药生产、经营活动。

第七章　法律责任

第四十九条　县级以上人民政府农业主管部门及其工作人员有下列行为之一的，由本级人民政府责令改正；对负有责任的领导人员和直接责任人员，依法给予处分；负有责任的领导人员和直接责任人员构成犯罪的，依法追究刑事责任：

（一）不履行监督管理职责，所辖行政区域的违法农药生产、经营活动造成重大损失或者恶劣社会影响；

（二）对不符合条件的申请人准予许可或者对符合条件的申请人拒不准予许可；

（三）参与农药生产、经营活动；

（四）有其他徇私舞弊、滥用职权、玩忽职守行为。

第五十条 农药登记评审委员会组成人员在农药登记评审中谋取不正当利益的，由国务院农业主管部门从农药登记评审委员会除名；属于国家工作人员的，依法给予处分；构成犯罪的，依法追究刑事责任。

第五十一条 登记试验单位出具虚假登记试验报告的，由省、自治区、直辖市人民政府农业主管部门没收违法所得，并处5万元以上10万元以下罚款；由国务院农业主管部门从登记试验单位中除名，5年内不再受理其登记试验单位认定申请；构成犯罪的，依法追究刑事责任。

第五十二条 未取得农药生产许可证生产农药或者生产假农药的，由县级以上地方人民政府农业主管部门责令停止生产，没收违法所得、违法生产的产品和用于违法生产的工具、设备、原材料等，违法生产的产品货值金额不足1万元的，并处5万元以上10万元以下罚款，货值金额1万元以上的，并处货值金额10倍以上20倍以下罚款，由发证机关吊销农药生产许可证和相应的农药登记证；构成犯罪的，依法追究刑事责任。

取得农药生产许可证的农药生产企业不再符合规定条件继续生产农药的，由县级以上地方人民政府农业主管部门责令限期整改；逾期拒不整改或者整改后仍不符合规定条件的，由发证机关吊销农药生产许可证。

农药生产企业生产劣质农药的，由县级以上地方人民政府农业主管部门责令停止生产，没收违法所得、违法生产的产品和用于违法生产的工具、设备、原材料等，违法生产的产品货值金额不足1万元的，并处1万元以上5万元以下罚款，货值金额1万元以上的，并处货值金额5倍以上10倍以下罚款；情节严重的，由发证机关吊销农药生产许可证和相应的农药登记证；构成犯罪的，依法追究刑事责任。

委托未取得农药生产许可证的受托人加工、分装农药，或者委托加工、分装假农药、劣质农药的，对委托人和受托人均依照本条第一款、第三款的规定处罚。

　　第五十三条　农药生产企业有下列行为之一的，由县级以上地方人民政府农业主管部门责令改正，没收违法所得、违法生产的产品和用于违法生产的原材料等，违法生产的产品货值金额不足1万元的，并处1万元以上2万元以下罚款，货值金额1万元以上的，并处货值金额2倍以上5倍以下罚款；拒不改正或者情节严重的，由发证机关吊销农药生产许可证和相应的农药登记证：

　　（一）采购、使用未依法附具产品质量检验合格证、未依法取得有关许可证明文件的原材料；

　　（二）出厂销售未经质量检验合格并附具产品质量检验合格证的农药；

　　（三）生产的农药包装、标签、说明书不符合规定；

　　（四）不召回依法应当召回的农药。

　　第五十四条　农药生产企业不执行原材料进货、农药出厂销售记录制度，或者不履行农药废弃物回收义务的，由县级以上地方人民政府农业主管部门责令改正，处1万元以上5万元以下罚款；拒不改正或者情节严重的，由发证机关吊销农药生产许可证和相应的农药登记证。

　　第五十五条　农药经营者有下列行为之一的，由县级以上地方人民政府农业主管部门责令停止经营，没收违法所得、违法经营的农药和用于违法经营的工具、设备等，违法经营的农药货值金额不足1万元的，并处5000元以上5万元以下罚款，货值金额1万元以上的，并处货值金额5倍以上10倍以下罚款；构成犯罪的，依法追究刑事责任：

　　（一）违反本条例规定，未取得农药经营许可证经营农药；

　　（二）经营假农药；

　　（三）在农药中添加物质。

　　有前款第二项、第三项规定的行为，情节严重的，还应当由发证机关吊销农药经营许可证。

　　取得农药经营许可证的农药经营者不再符合规定条件继续经营农药的，由县级以上地方人民政府农业主管部门责令限期整改；逾期拒不整改或者整改后仍不符合规定条件的，由发证机关吊销农药经营许可证。

　　第五十六条　农药经营者经营劣质农药的，由县级以上地方人民政府农业主管部门责令停止经营，没收违法所得、违法经营的农药和用于违法经营的工具、设备等，违法经营的农药货值金额不足1万元的，并处2000元以上

2万元以下罚款，货值金额1万元以上的，并处货值金额2倍以上5倍以下罚款；情节严重的，由发证机关吊销农药经营许可证；构成犯罪的，依法追究刑事责任。

第五十七条　农药经营者有下列行为之一的，由县级以上地方人民政府农业主管部门责令改正，没收违法所得和违法经营的农药，并处5000元以上5万元以下罚款；拒不改正或者情节严重的，由发证机关吊销农药经营许可证：

（一）设立分支机构未依法变更农药经营许可证，或者未向分支机构所在地县级以上地方人民政府农业主管部门备案；

（二）向未取得农药生产许可证的农药生产企业或者未取得农药经营许可证的其他农药经营者采购农药；

（三）采购、销售未附具产品质量检验合格证或者包装、标签不符合规定的农药；

（四）不停止销售依法应当召回的农药。

第五十八条　农药经营者有下列行为之一的，由县级以上地方人民政府农业主管部门责令改正；拒不改正或者情节严重的，处2000元以上2万元以下罚款，并由发证机关吊销农药经营许可证：

（一）不执行农药采购台账、销售台账制度；

（二）在卫生用农药以外的农药经营场所内经营食品、食用农产品、饲料等；

（三）未将卫生用农药与其他商品分柜销售；

（四）不履行农药废弃物回收义务。

第五十九条　境外企业直接在中国销售农药的，由县级以上地方人民政府农业主管部门责令停止销售，没收违法所得、违法经营的农药和用于违法经营的工具、设备等，违法经营的农药货值金额不足5万元的，并处5万元以上50万元以下罚款，货值金额5万元以上的，并处货值金额10倍以上20倍以下罚款，由发证机关吊销农药登记证。

取得农药登记证的境外企业向中国出口劣质农药情节严重或者出口假农药的，由国务院农业主管部门吊销相应的农药登记证。

第六十条　农药使用者有下列行为之一的，由县级人民政府农业主管部门责令改正，农药使用者为农产品生产企业、食品和食用农产品仓储企业、专业化病虫害防治服务组织和从事农产品生产的农民专业合作社等单位的，处5万元以上10万元以下罚款，农药使用者为个人的，处1万元以下罚款；

构成犯罪的，依法追究刑事责任：

（一）不按照农药的标签标注的使用范围、使用方法和剂量、使用技术要求和注意事项、安全间隔期使用农药；

（二）使用禁用的农药；

（三）将剧毒、高毒农药用于防治卫生害虫，用于蔬菜、瓜果、茶叶、菌类、中草药材生产或者用于水生植物的病虫害防治；

（四）在饮用水水源保护区内使用农药；

（五）使用农药毒鱼、虾、鸟、兽等；

（六）在饮用水水源保护区、河道内丢弃农药、农药包装物或者清洗施药器械。

有前款第二项规定的行为的，县级人民政府农业主管部门还应当没收禁用的农药。

第六十一条 农产品生产企业、食品和食用农产品仓储企业、专业化病虫害防治服务组织和从事农产品生产的农民专业合作社等不执行农药使用记录制度的，由县级人民政府农业主管部门责令改正；拒不改正或者情节严重的，处2000元以上2万元以下罚款。

第六十二条 伪造、变造、转让、出租、出借农药登记证、农药生产许可证、农药经营许可证等许可证明文件的，由发证机关收缴或者予以吊销，没收违法所得，并处1万元以上5万元以下罚款；构成犯罪的，依法追究刑事责任。

第六十三条 未取得农药生产许可证生产农药，未取得农药经营许可证经营农药，或者被吊销农药登记证、农药生产许可证、农药经营许可证的，其直接负责的主管人员10年内不得从事农药生产、经营活动。

农药生产企业、农药经营者招用前款规定的人员从事农药生产、经营活动的，由发证机关吊销农药生产许可证、农药经营许可证。

被吊销农药登记证的，国务院农业主管部门5年内不再受理其农药登记申请。

第六十四条 生产、经营的农药造成农药使用者人身、财产损害的，农药使用者可以向农药生产企业要求赔偿，也可以向农药经营者要求赔偿。属于农药生产企业责任的，农药经营者赔偿后有权向农药生产企业追偿；属于农药经营者责任的，农药生产企业赔偿后有权向农药经营者追偿。

第八章 附 则

第六十五条 申请农药登记的，申请人应当按照自愿有偿的原则，与登记试验单位协商确定登记试验费用。

第六十六条 本条例自2017年6月1日起施行。